本書の刊行にあたって

　今後の農村政策の一つの柱として、農村RMO（農村型地域運営組織）の推進に期待が寄せられています。農村RMOが展開する活動は多種多様であり、それぞれの実情にあわせて法人形態を選択することが大切です。

　一方で、2023年10月からのインボイス制度の導入によって、農事組合法人では免税事業者の組合員に支払う従事分量配当の仕入税額控除が制限され、税制上のメリットが失われる可能性が高まっていることから、集落営農・農村RMOの設立・運営にあたっては農事組合法人以外の形態も考慮する必要があります。

　こうした状況を踏まえ、全国農業会議所・全国農業協同組合中央会・農業経営コンサルタント・税理士の森剛一氏をはじめとした関係者が集まり、「一般社団法人による集落営農・農村RMO検討会」を5回にわたって開催し、議論を交わしました。

　本書では、インボイス制度導入に伴う農事組合法人の課題を明らかにしながら、一般社団法人の特質や組織変更・設立・運営の仕方を紹介しており、法人形態ごとの特徴を比較しつつ、それぞれのメリット・デメリットを解説しています。

　現在、集落営農の法人化は農事組合法人が主流となっていますが、本書では一般社団法人に焦点を当てています。今後、農事組合法人からの組織変更や法人の設立を検討している皆様にとっての一助となれば幸いです。

　最後に、本書をご執筆いただいた森剛一氏をはじめ、刊行に当たって多大なるご協力をいただきました関係者の皆様に紙面を借りて厚くお礼を申し上げます。

　令和5年2月

一般社団法人 全国農業会議所

一般社団法人 全国農業協同組合中央会

はじめに

　集落営農の法人化は、これまで主に農事組合法人の形ですすめられてきました。農事組合法人では、組合員の労務の対価を従事分量配当（課税仕入れ）として支払うことができ、その結果、消費税還付になることが大きなメリットです。ところが、2023年10月からのインボイス制度の導入によって、免税事業者からの課税仕入れについて仕入税額控除が制限され、免税事業者の組合員に支払う従事分量配当の仕入税額控除が認められなくなることから、農事組合法人のメリットが失われます。

　このため、今後は農事組合法人から他の法人形態への組織変更を検討する必要があります。一般に、比較的規模の大きい農事組合法人は株式会社に移行し、取締役には農作業従事への対価も含めた定期同額給与を支給することが考えられます。また、法人２階建て方式（77頁参照）による集落営農の広域連携において、既存の集落営農法人（１階）が出資する広域連携法人（２階）は株式会社が基本となるでしょう。

　これに対して、比較的規模の小さい農事組合法人では、通年雇用が困難で、役員報酬を税務上の「定期同額給与」の形で支給できず、株式会社など会社法人への組織変更に踏み切れないのが実態です。こうした農事組合法人では、後継者難という事情もあり、インボイス制度導入を見据えて法人を解散する動きが出てきており、今後も解散が増加することが懸念されます。しかしながら、一般社団法人に組織変更すれば、非営利型法人の一般社団法人では農業に法人税が課税されず、役員に定期同額給与でない給与を支払っても税負担が生じないため、これまで通り農業の従事時間に応じて支払う運営も可能です。また、法人２階建て方式では１階の集落営農法人を一般社団法人の形態とする方法もあります。

　一方で、農村政策の一つの柱となりつつある農村ＲＭＯについて、今後、集落営農がＲＭＯ化することが期待されています。しかしながら、農事組合法人の場合、農業に関連しない事業を行うのであれば、一般社団法人等への組織変更が必要です。加えて、「地域まるっと中間管理方式」による農地バンクの活用では、自作希望農家に一般社団法人から特定作業受託で耕作地を再配分していますが、インボイス制度の導入によって特定作業受託の税務リスクが高くなることから、農地バンクを活用して集落等を範囲とした地域の農地管理の手法を早急に確立する必要があります。

　集落営農や農村ＲＭＯのあり方については、株式会社など会社形態によるものも含めた検討が必要ですが、株式会社の農業法人に関する情報は比較的多いことから、この手引きでは、一般社団法人による集落営農・農村ＲＭＯに焦点を絞って、その設立や組織変更の手順、農用地の利用調整の手法について解説することを目的としています。

令和５年２月

農業経営コンサルタント・税理士　　森　　剛一

目　次

第1章

一般社団法人による
集落営農

1　一般社団法人による集落営農の法人化

　集落営農の法人化は、農事組合法人が主流で、一部に株式会社のものがありますが、今後、第三の選択肢として注目されるのが一般社団法人です。一般社団法人は、農地所有適格法人にはなれませんが、平成21年農地法改正（2009年12月15日施行）により、農地所有適格法人（旧・農業生産法人）でない法人でも農地を借りて農業を行えるようになったため、一般社団法人として集落営農を法人化できます。

2　集落営農における一般社団法人の特質

　一般社団法人の集落営農のメリットは、農業のみを行う場合、「非営利型法人」として運営することで法人税の申告義務がないことです。また、農作業の対価として役員に日当（給与）を支払った場合、法人税法上の普通法人や協同組合等では「役員給与の損金不算入」によって法人税等が課税されますが、法人税法上の公益法人等として扱われる非営利型法人の一般社団法人では農業に法人税が課税されないため、法人税等の負担は生じません。

　任意組合の集落営農では、個人の共同事業として構成員課税となるため、構成員への損益分配計算が必要ですが、一般社団法人であれば、構成員に対する損益分配計算も法人税の申告も不要となるため、任意組合の集落営農よりもむしろ運営が簡単になります。

　農事組合法人の集落営農では、事業の内容が農業及び農業関連事業に制限されますが、一般社団法人の場合には、農業のほか、農用地保全や地域資源活用、生活支援など農村ＲＭＯとしての活動も可能です。

　一方、非営利型法人の一般社団法人の場合、社員（構成員）に剰余金の分配を行うことができません。ただし、一般社団法人の社員が法人の事業に従事した場合は、その対価として賃金・給料（給与）を支払うことができ、剰余金に応じて賞与を支払うこともできます。

集落営農組織の比較

	任意組合 （民法上の組合）	農事組合法人 （農業経営を行う法人）	一般社団法人 （非営利型法人）
事業の範囲	任意組合に事業の制限はないが、集落営農の場合は農業に限定される。	農業及び農業関連事業に限定される。	事業の制限はない。
構成員の範囲	持ち込んだ農地面積に応じた損益分配となるため、農地の権限を持つ農業者に限定される。	原則として農民（自ら農業を営み、又は農業に従事する個人）に限定される。	制限はなく、農業者でない地域住民も社員になれる。
労働の対価	出役賃金（農業所得の雑収入）	従事分量配当（農業所得の雑収入）または給与（日当、役員は定期同額給与）	給与（役員も日当で可）

3　インボイス制度導入による農事組合法人の課題

　集落営農の農事組合法人のメリットは組合員の労務の対価を従事分量配当で払えることです。従事分量配当は課税仕入れとなるため、現行制度では全額が仕入税額控除の対象です。ところが、組合員のほとんどが免税事業者ですので、インボイス制度によって従事分量配当が仕入税額控除の対象から外れます。このため、現行制度では消費税が還付でも、インボイス制度で納税になり、最終的に簡易課税の方が有利になります。

　ただし、「免税事業者等からの課税仕入れに係る経過措置」で、段階的に控除が減るので、簡易課税が有利になるタイミングはケースによって異なります。経過措置では、免税事業者等からの課税仕入れについて、2023年10月から3年間は80%、2026年10月から3年間は50%、仕入税額控除できます。従事分量配当は、事業年度を単位とする役務の提供なので期末時点での経過措置が適用され、2023年度の従事分量配当は80%控除の対象になります。

　簡易課税に変更すると、従事分量配当制でも給与制でも消費税の納税額は変わりません。組合員にとって、従事分量配当は、対応する必要経費が無く、全額が農業所得の雑収入として課税されますが、給与だと給与所得控除（最低年55万円）が受けられ、組合員個人の所得税・住民税の負担が軽くなります。

　給与制に変更した場合、農業以外の事業を行えないといった農事組合法人のデメリットがメリットよりも大きくなります。そこで、株式会社への組織変更も検討することになりますが、役員報酬は農作業労賃も含めて毎月定額で設定する必要があります。役員報酬は「定期同額給与」でないと損金算入されず、役員の従事時間に応じて農作業労賃を支払うと法人税負担が生じます。

　一方、農事組合法人は一般社団法人に組織変更することもできます。非営利型法人の一般社団法人の場合、農業は法人税が非課税になりますので、役員に対する農作業労賃を従事時間に応じて支払っても法人税等の負担が生ずることはありません。

4　農事組合法人の組織変更

　比較的規模の大きい集落営農法人では、農事組合法人から株式会社に組織変更するケースが増えるでしょう。ただし、株式会社の集落営農法人が、役員に対する農作業労賃を従事時間に応じて支払った場合、定期同額給与に該当しないため、損金算入されないことに留意する必要があります。このため、農作業労賃を織り込んだ金額で役員報酬月額を設定し直す必要があります。加えて、役員報酬月額の増額に伴い、将来の年金支給額などの保障が充実するものの、社会保険料の負担が増加することにも留意が必要です。

　一方、規模の小さい集落営農法人では、農事組合法人から一般社団法人に組織変更する方法も考えられます。非営利型法人の一般社団法人の場合、農業は法人税が非課税になりますので、役員に対する農作業労賃を従事時間に応じて支払っても法人税等の負担が生ずることはありません。また、非営利組織の農村ＲＭＯの実行組織を指向する場合は、一般社団法人が向いています。

集落営農法人の役員に対する農作業従事の対価の支払い

	農事組合法人	株式会社	一般社団法人
支 払 方 法	従事分量配当	賃金	賃金
法人税の取扱い	○（損金算入）	×（損金不算入）	○（非課税事業）
消費税の取扱い	○（課税仕入れ[※]）	×（不課税）	×（不課税）

※インボイス制度開始後は、免税事業者に支払う従事分量配当は仕入税額控除不可

税制メリットからみた農事組合法人の組織変更検討のフローチャート

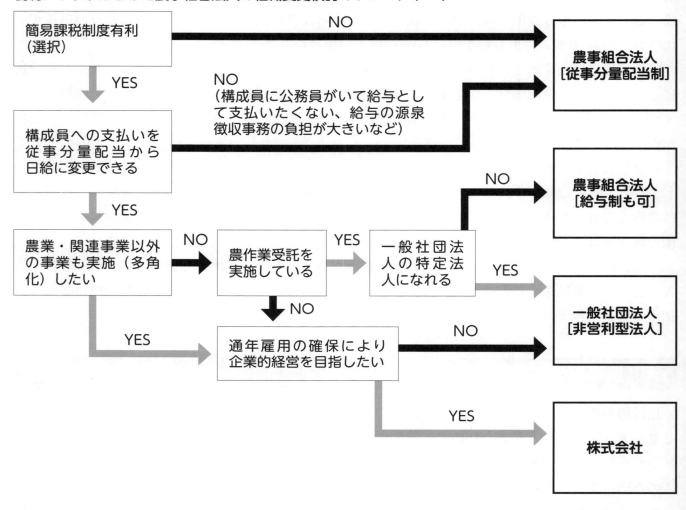

第2章

農事組合法人における
簡易課税制度の選択と
一般社団法人への組織変更

1 簡易課税制度の選択によるインボイス制度対応

　免税事業者等からの課税仕入れに係る経過措置が終了する2029年（令和11年）10月から免税事業者からの課税仕入れについて仕入税額控除が認められなくなると、従事分量配当制を採っている農事組合法人においては、ほとんどの場合、一般課税よりも簡易課税の納税額が少なくなり、簡易課税制度を選択した方が有利になります。したがって、基準期間の課税売上高が5千万円以下の場合には、簡易課税制度を選択する対応が考えられます。

　簡易課税制度を選択している場合、課税売上高から納付する消費税額を計算しますので、インボイスなど請求書等の保存は、仕入税額控除の要件となりません。一方、適格請求書発行事業者の登録を受けることができるのは、課税事業者に限られますが、適格請求書発行事業者の登録を受けたうえで簡易課税制度を選択することもできます。

　食料品の譲渡に係る農業は、第二種事業でみなし仕入率は80％になりますので、納付する消費税額は税抜課税売上高の1.6％（＝売上税額8％－売上税額8％×みなし仕入率80％）となります。また、課税売上高総額の75％以上が農業（食料品）の売上高であれば、農作業受託料（第四種事業：みなし仕入率60％）にもみなし仕入率80％（第二種事業）を適用できます。

《参考》　簡易課税制度による消費税額の計算

消費税額　＝　課税売上げに係る消費税額※（売上税額）　－　課税仕入れ等に係る消費税額※（仕入税額）

↓

課税売上げに係る消費税額※　×　みなし仕入率

※消費税額は、税率ごとに区分して計算する必要があります。

　消費税額は課税仕入れ等に係る消費税額を課税売上げに係る消費税額から算出します。
　そのため、実額による仕入税額の計算や課税仕入れ等に係る適確請求書等の保存などが不要となり、事務負担の軽減を図ることができます。

事業区分	該当する事業	みなし仕入率
第一種事業	卸売業	90％
第二種事業	小売業、農林漁業（飲食料品の譲渡に係る事業）	80％
第三種事業	農林漁業（飲食料品の譲渡に係る事業を除きます。）、鉱業、建設業、製造業（製造小売業を含みます。）、電気業、ガス業、熱供給業及び水道業	70％
第四種事業	第一種事業、第二種事業、第三種事業、第五種事業、第六種事業以外の事業（飲食店等）	60％
第五種事業	運輸通信業、金融業及び保険業、サービス業（飲食店業に該当する事業を除きます。）	50％
第六種事業	不動産業	40％

詳しくは…
簡易課税制度のしくみや手順については、**「消費税のあらまし」**（国税庁ホームページ）等をご覧ください。

消費税の課税売上げと簡易課税制度の事業区分

事業区分		率	対象事業	農業の留意点
課税売上げ	第一種事業	90%	卸売業（他の者から購入した商品をその性質、形状を変更しないで他の事業者に対して販売する事業）	事業者への農畜産物の仕入販売
	第二種事業	80%	小売業（他の者から購入した商品をその性質、形状を変更しないで販売する事業で第一種事業以外のもの）**軽減税率が適用される農林漁業**	消費者への農畜産物の仕入販売 **2019 年 10 月以降**
	第三種事業	70%	軽減税率が適用されない農林漁業、製造業ほか	副産物、加工品含む
	第四種事業	60%	飲食店業、加工賃等よる役務提供、固定資産の売却	農作業受託、生物の売却
	第五種事業	50%	サービス業	
	第六種事業	40%	不動産業	農地賃貸料は非課税
不課税収入		－	補助金、交付金	畑作物の直接支払交付金 収入減少影響緩和交付金 水田活用直接支払交付金

2 種類以上の事業を営む場合の算式
（1 種類の事業に係る課税売上高が全体の課税売上高の 75％以上を占める場合）

$$\boxed{\text{仕入控除税額}} = \boxed{\text{課税標準額に対する消費税額}} \times \boxed{\text{75\%以上を占める事業のみなし仕入率}}$$

2　農事組合法人の制約と組織変更の効果

　農事組合法人には、事業の制限など次表に掲げる制約がありますが、株式会社や一般社団法人に組織変更すれば、事業の制限が無くなり、農民でない者も構成員になれるなどのメリットがあります。

　ただし、株式会社の場合、従事分量配当の制度はなく、法人事業税が課税され、法人税の税率が23.2%（農事組合法人は 19%）となります。

　一方、非営利型法人の一般社団法人は、収益事業を営まない場合、法人住民税均等割の負担のみで、法人税や法人事業税、法人住民税法人税割はかかりませんが、消費税について「国、地方公共団体等に対する特例」を受けるため、一般課税が適用される場合は消費税の負担が大きくなる点に留意する必要があります。

法人形態の違いによる制度の違い

	農事組合法人	合同会社	株式会社(非公開会社)※特例有限会社を含む。
根拠法	農業協同組合法	会社法	
事業	①農業に係る共同利用施設の設置・農作業の共同化に関する事業、②農業経営、③付帯事業	事業一般	
構成員 資格	①農民、②農協・農協連合会、③現物出資する農地中間管理機構、④物資供給・役務提供を受ける個人、⑤新技術の提供に係る契約等を締結する者、⑥アグリビジネス投資育成㈱	制限なし（農地所有適格法人の場合は、農地法により、農業関係者（常時従事者、農地提供者等）以外の議決権を2分の1未満に制限）	
構成員 数	3人以上（上限なし）	1人以上（上限なし）	
構成員である従事者への分配	①給与（確定給与）②従事分量配当のいずれかを年度ごとに選択可	給与のみ	
意思決定	1人1票制による総会の議決	1人1票制	1株1票制
役員の人数	①理事1人以上（必置・組合員のみ）②監事（任意・組合員外も可）	業務執行社員	①取締役1人以上（必置・株主外も可）②監査役（任意・株主外も可）
役員の任期	3年以内	制限なし	原則：取締役2年・監査役4年、10年まで延長可（特例有限会社は制限なし）
農業経営の雇用労働力	組合員（同一世帯の家族を含む）外の常時従事者が常時従事者総数の2／3以下	制限なし	
資本金	制限なし	制限なし	制限なし
決算広告	義務なし	義務なし	義務あり（特例㈲義務なし）
法人税 税率	①構成員に給与を支給しない法人（協同組合等）　年所得800万円以下　15%　年所得800万円超　19%②上記以外（普通法人）　同右	資本金一億円超の法人　23.2%（注1）資本金一億円以下の法人　年所得800万円以下　15%　年所得800万円超　23.2%（注1）	
法人税 その他	同族会社の留保金課税の適用なし（会社でないため）	同族会社の留保金課税の適用あり（平成19年度税制改正で中小企業を除外）	
事業税	①農地所有適格法人が行う農業（畜産業、原則として農作業受託（注3）を除く）は非課税②特別法人　年所得400万円以下　3.5%　年所得400万円超　4.9%③普通法人の場合は右記②に同じ	①資本金1億円超の法人　外形標準課税②資本金1億円以下の法人　年所得400万円以下　　　　　　　　3.5%　年所得400万円超800万円以下　5.3%　年所得800万円超　　　　　　　7.0%（注2）	
定款認証	不要	不要	要（5万円程度）
設立時の登録免許税	非課税	資本金の7／1,000（最低6万円）	資本金の7／1,000（最低15万円）
組織変更	株式会社、一般社団法人に変更可合同会社への直接変更は不可	株式会社に変更可農事組合法人への変更は不可	合同会社に変更可農事組合法人への変更は不可

（注1）2018年4月以後開始事業年度
（注2）2019年10月以後開始事業年度
（注3）農作業受託の収入が農業収入の総額の2分の1を超えない程度のものであるときは非課税

農事組合法人の制約と株式会社・一般社団法人との比較

	農事組合法人 （農業経営を行う2号法人）	株式会社 （農地所有適格法人）	一般社団法人 （非営利型法人）
事業の制限	農業経営を行う農事組合法人は、農業及び農業関連事業に限定され、次の事業は認められない。 ○産業廃棄物の回収・処理 ○レストラン※・民宿 ※自ら生産した農産物の加工・販売の一環の小規模なものを除く。 ○除雪作業の受託 ○太陽光発電事業※ ※事業に付随するものを除く。	事業の制限はない。 農地所有適格法人の場合、その法人の直近3か年の売上高の過半が農業及び農業関連事業であることが要件。	事業の制限はない。 農地所有適格法人になれないが、農地を借りて農業ができ、農業に法人税がかからない。 ただし、法人税法上の収益事業（34事業）を行う場合は法人税が課税される。
構成員の制限	個人として組合員になれるのは、原則として農民（注）に限られる。その農事組合法人から継続してその事業に係る物資の供給や役務の提供を受けている個人、組合員が農民でなくなった場合や組合員が死亡した場合の相続人も組合員になれるが、これらの組合員は総組合員数の1／3までとされる。	株主に会社法上の制限はない。 農地所有適格法人は、株式の譲渡による取得に会社承認を要する定款の定めを設け、農業関係者の議決権が過半であることが要件。	社員に「一般社団法人及び一般財団法人に関する法律」上の制限はない。
業務執行役員の制限	理事はその農事組合法人の農民（注）である組合員でなければならず、員外理事は認められない。	取締役は株主である必要はない。 農地所有適格法人は、取締役の過半が常時従事する株主であることが要件。	理事は社員である必要はない。 ただし、定款において理事を社員の中から選任すると定めることもできる。
常時従事雇用の制限	農業経営を行う農事組合法人は、その事業に常時従事する者の1／3以上は、組合員とその同一世帯の家族でなければならない。	常時雇用に制限はなく、誰でも雇用できる。	同左
議決権ルールの制限	農協法で「組合員は、各々一個の議決権を有する」と定められ、定款で変更できない。このため、経営者以外の組合員が大半の議決権を持ち、法人の意思決定に影響を及ぼすことがある。	一株一票が原則で株数に応じて議決権を持つが、定款で無議決権株式などの種類株式を定めることができる。	一人一票が原則だが、定款で自由に議決権を定めることができる。
株式・出資の評価	特例的な評価方式は認められず、純資産価額方式によって評価するため、内部留保が大きい場合は評価額が高くなる。	類似業種比準方式との併用方式が適用され、一般に評価額が減少する。少数株主には配当還元方式も認められる。	出資持分がないため、相続税の課税対象とならない。
株式・出資の譲渡	持分は他の農民に譲渡できるが、農事組合法人が取得することはできず、持分の払戻しになる。定款により持分の払戻しは出資額が限度とされる。	株式は他人に譲渡できるだけでなく、当初払込金額を上回る金額で会社が自己株式を取得できる。	出資持分がないため、譲渡の対象とならない。

（注）農民とは、自ら農業を営むか農業に従事する個人をいう。

一般社団法人（非営利型法人）と会社法人・農事組合法人との比較

	一般社団法人 （非営利型法人）	会社法人／農事組合法人	備考
資本金	なし	あり（1円以上）	
設立	準則主義	準則主義	NPO法人は認証主義
目的	制限なし	会社法人は制限なし／農事組合法人は農業・農業関連事業と附帯事業に限定	NPO法人は限定
定款認証	要	株式会社は要、合同会社等持分会社と農事組合法人は不要	
不動産名義	可	可	
法人税	収益事業課税 収益事業（34業種）を営む場合に限って申告義務	全所得課税 普通法人として申告、組合員（役員を除く）に給与を支給しない農事組合法人は協同組合等として申告	
住民税	均等割申告書により均等割（県町計7万円）のみ納付	確定申告書により法人税割及び均等割を納付	
消費税	特定収入（交付金等）の仕入税額控除を調整（交付金等不課税収入が多い場合でも納付）	全額が仕入税額控除（交付金等不課税収入が多い場合は還付）	
寄付による財産出資の取扱い	課税なし（資産受贈益は非収益事業）	資産受贈益として課税	

3　非出資制の農事組合法人への移行手続き

　出資制の農事組合法人が一般社団法人になるには、非出資制の農事組合法人に移行したうえで組織変更する必要があります。非出資制の農事組合法人に移行するうえでは、変更後の定款において出資額を限度として持分を払い戻すと定めることで、出資金のみを払戻し、利益剰余金を一般社団法人の正味財産とすることができます。

農事組合法人定款例（一般社団法人に組織変更のため非出資制に移行する場合）

第1章　総則

（目的）

第1条　この組合は、組合員の農業生産についての協業を図ることによりその生産性を向上させ、組合員の共同の利益を増進することを目的とする。

（名称）

第2条　この組合は、農事組合法人○○という。

（地区）

第3条　この組合の地区は、○○県○○郡○○村字○○の区域とする。

（事務所）

第4条　この組合は、事務所を○○県○○郡○○村に置く。

（公告の方法）

第5条　この組合の公告は、この組合の掲示場に掲示してこれをする。

2　前項の公告の内容は、必要があるときは、書面をもって組合員に通知するものとする。

第2章　事業

（事業）

第6条　この組合は、次の事業を行う。

（1）組合員の農業に係る共同利用施設の設置（当該施設を利用して行う組合員の生産する物資の運搬、加工又は貯蔵の事業を含む。）及び農作業の共同化に関する事業

（2）前号の事業に附帯する事業

（員外利用）

第7条　この組合は、組合員の利用に差し支えない限り、組合員以外の者に前条第1号の事業を利用させることができる。ただし、組合員以外の者の利用は、農業協同組合法（昭和22年法律第132号。以下「法」という。）第72条の10第3項に規定する範囲内とする。

第3章　組合員

（組合員の資格）

第8条　次に掲げる者は、この組合の組合員となることができる。

（1）農業を営む個人であって、その住所又はその経営に係る土地若しくは施設がこの組合の地区内にあるもの

（2）農業に従事する個人であって、その住所又はその従事する農業に係る土地若しくは施設がこの組合の地区内にあるもの

（加入）

第9条　この組合の組合員になろうとする者は、加入申込書をこの組合に提出しなければならない。

2　この組合は、前項の申込書の提出があったときは、理事の過半でその加入の諾否を決する。

3　この組合は、前項の規定によりその加入を承諾したときは、書面をもってその旨を加入申込みをした者に通知し、組合員名簿に記載し、又は記録するものとする。

（脱退）

第10条　組合員は、60日前までにその旨を書面をもってこの組合に予告し、当該事業年度の終わりにおいて脱退することができる。

2　組合員は、次の事由によって脱退する。

（1）組合員たる資格の喪失

（2）死亡

（3）除名

（除名）

第11条　組合員が、次の各号のいずれかに該当するときは、総会の決議を経てこれを除名することができる。この場合には、総会の日の10日前までにその組合員に対しその旨を通知し、かつ、総会において弁明する機会を与えなければならない。

（1）1年間この組合の施設を全く利用しないとき。

（2）この組合に対する義務の履行を怠ったとき。

（3）この組合の事業を妨げる行為をしたとき。

（4）法令、法令に基づいてする行政庁の処分又はこの組合の定款若しくは規約に違反し、その他故意又は重大な過失によりこの組合の信用を失わせるような行為をしたとき。

2　除名を決議したときは、その理由を明らかにした書面をもって、これをその組合員に通知しなければならない。

第4章　役員

（役員の定数）

第12条　この組合に、役員として、理事〇人及び監事〇人を置く。

（役員の選任）

第13条　役員は、総会において選任する。

2　前項の規定による選任は、総組合員の過半数による決議を必要とする。

3　理事は、組合員でなければならない。

（役員の解任）

第14条　役員は、任期中でも総会においてこれを解任することができる。この場合において、理事は、総会の7日前までに、その請求に係る役員にその旨を通知し、かつ、総会において弁明する機会を与えなければならない。

（代表理事の選任）

第15条　理事は、代表理事1人を互選するものとする。

（理事の職務）

第16条　代表理事は、この組合を代表し、その業務を掌理する。

2　理事は、あらかじめ定めた順位に従い、代表理事に事故あるときはその職務を代理し、代表理事が欠員のときはその職務を行う。

（監事の職務）

第 17 条　監事は、次に掲げる職務を行う。

（1）この組合の財産の状況を監査すること。

（2）理事の業務の執行の状況を監査すること。

（3）財産の状況及び業務の執行について、法令若しくは定款に違反し、又は著しく不当な事項があると認めるときは、総会又は行政庁に報告すること。

（4）前号の報告をするために必要があるときは、総会を招集すること。

（役員の責任）

第 18 条　役員は、法令、法令に基づいてする行政庁の処分、定款等及び総会の決議を遵守し、この組合のため忠実にその職務を遂行しなければならない。

2　役員は、その職務上知り得た秘密を正当な理由なく他人に漏らしてはならない。

3　役員がその任務を怠ったときは、この組合に対し、これによって生じた損害を賠償する責任を負う。

4　役員がその職務を行うについて悪意又は重大な過失があったときは、その役員は、これによって第三者に生じた損害を賠償する責任を負う。

5　次の各号に掲げる者が、その各号に定める行為をしたときも、前項と同様とする。ただし、その者がその行為をすることについて注意を怠らなかったことを証明したときは、この限りでない。

（1）理事　次に掲げる行為

イ　法第 72 条の 25 第 1 項の規定により作成すべきものに記載し、又は記録すべき重要な事項についての虚偽の記載又は記録

ロ　虚偽の登記

ハ　虚偽の公告

（2）監事　監査報告に記載し、又は記録すべき重要な事項についての虚偽の記載又は記録

6　役員が、前 3 項の規定により、この組合又は第三者に生じた損害を賠償する責任を負う場合において、他の役員もその損害を賠償する責任を負うときは、これらの者は，連帯債務者とする。

（役員の任期）

第 19 条　役員の任期は、就任後○年以内に終了する最終の事業年度に関する通常総会の終結の時までとする。ただし、補欠選任及び法第 95 条第 2 項の規定による改選によって選任される役員の任期は、退任した役員の残任期間とする。

2　前項ただし書の規定による選任が、役員の全員にかかるときは、その任期は、同項ただし書の規定にかかわらず、就任後○年以内に終了する最終の事業年度に関する通常総会の終結の時までとする。

3　役員の数が、その定数を欠くこととなった場合には、任期の満了又は辞任によって退任し

た役員は、新たに選任された役員が就任するまで、なお役員としての権利義務を有する。

（特別代理人）

第20条　この組合と理事との利益が相反する事項については、この組合が総会において選任した特別代理人がこの組合を代表する。

第5章　総会

（総会の招集）

第21条　理事は、毎事業年度1回〇月に通常総会を招集する。

2　理事は、次の場合に臨時総会を招集する。

　（1）理事の過半数が必要と認めたとき

　（2）組合員が、その5分の1以上の同意を得て、会議の目的とする事項及び招集の理由を記載した書面を組合に提出して招集を請求したとき

3　理事は、前項第2号の請求があったときは、その請求があった日から10日以内に、総会を招集しなければならない。

4　監事は、財産の状況又は業務の執行について法令若しくは定款に違反し、又は著しく不当な事項があると認めた場合において、これを総会に報告するため必要があるときは、総会を招集する。

（総会の招集手続）

第22条　総会を招集するには、理事は、その総会の日の5日前までに、その会議の目的である事項を示し、組合員に対して書面をもってその通知を発しなければならない。

2　総会招集の通知に際しては、組合員に対し、組合員が議決権を行使するための書面（以下「議決権行使書面」という。）を交付しなければならない。

（総会の決議事項）

第23条　次に掲げる事項は、総会の決議を経なければならない。

　（1）定款の変更

　（2）毎事業年度の事業計画の設定及び変更

　（3）事業報告及び財産目録

（総会の定足数）

第24条　総会は、組合員の半数以上が出席しなければ議事を開き決議することができない。この場合において、第28条の規定により、書面又は代理人をもって議決権を行う者は、これを出席者とみなす。

（緊急議案）

第25条　総会では、第22条の規定によりあらかじめ通知した事項に限って、決議するものとする。ただし、第27条各号に規定する事項を除き、緊急を要する事項についてはこの限りでない。

（総会の議事）

第26条　総会の議事は、出席した組合員の議決権の過半数でこれを決し、可否同数のときは、

議長の決するところによる。

2　議長は、総会において、総会に出席した組合員の中から組合員がこれを選任する。

3　議長は、組合員として総会の議決に加わる権利を有しない。

（特別決議）

第27条　次の事項は、総組合員の3分の2以上の多数による決議を必要とする。

　（1）定款の変更

　（2）解散及び合併

　（3）組合員の除名

（書面又は代理人による決議）

第28条　組合員は、第22条の規定によりあらかじめ通知のあった事項について、書面又は代理人をもって議決権を行うことができる。

2　前項の規定により書面をもって議決権を行おうとする組合員は、あらかじめ通知のあった事項について、議決権行使書面にそれぞれ賛否を記載し、これに署名又は記名押印の上、総会の日の前日までにこの組合に提出しなければならない。

3　第1項の規定により組合員が議決権を行わせようとする代理人は、その組合員と同一世帯に属する成年者又はその他の組合員でなければならない。

4　代理人は、2人以上の組合員を代理することができない。

5　代理人は、代理権を証する書面をこの組合に提出しなければならない。

（議事録）

第29条　総会の議事については、議事録を作成し、次に掲げる事項を記載し、又は記録しなければならない。

　（1）開催の日時及び場所

　（2）議事の経過の要領及びその結果

　（3）出席した理事及び監事の氏名

　（4）議長の氏名

　（5）議事録を作成した理事の氏名

　（6）前各号に掲げるもののほか、農林水産省令で定める事項

第6章　会計

（事業年度）

第30条　この組合の事業年度は、毎年○月○日から翌年○月○日までとする。

第7章　雑則

（残余財産の分配）

第31条　この組合の解散のときにおける残余財産の分配の方法は、総会においてこれを定める。

附　則

（持分の払戻し）

第1条　この組合は、非出資組合に移行した日における組合員に対し、この組合に対する出資額（非出資組合への移行の日時点の財産目録に計上された資産の総額から負債の総額を控除した額が出資の総額に満たないときは、当該出資額から当該満たない額を各組合員の出資額に応じて減算した額）を限度として持分を払い戻すものとする。

2　非出資組合に移行した日における組合員が、この組合に対して払い込むべき債務を有するときは、前項の規定により払い戻すべき額を相殺するものとする。

4　一般社団法人への組織変更手続き

　平成27年農協法改正（平成28年4月1日施行）によって、非出資制の農事組合法人は、その組織を変更し、一般社団法人になることができるようになりました（農協法第77条）。出資制の農事組合法人はそのままでは一般社団法人になることができないので、非出資制の農事組合法人に移行したうえで一般社団法人に組織変更する必要があります。平成27年農協法改正によって、出資制の農事組合法人が定款を変更して非出資制の農事組合法人に移行する手続きが明確化されました（農協法第73条②準用第54条の5）。

農事組合法人から一般社団法人への組織変更手続きの流れ

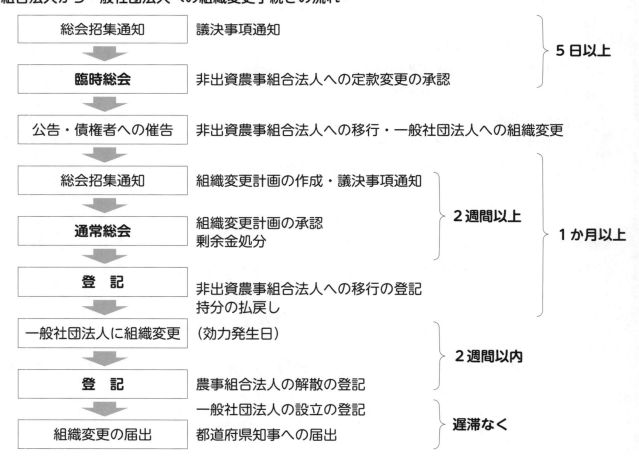

　出資制の農事組合法人の組合員は、変更後の定款の定めるところにより、当該組合員の持分の全部又は一部の払戻しを請求することができます（農協法第73条②準用第54条の5②）。このため、非出資制の農事組合法人に移行するうえでは、変更後の定款においても出資額を限度として持分を払い戻すと定めることで、持分の一部を払戻し、残額を一般社団法人の正味財産とすることができます。

1）臨時総会

　非出資農事組合法人への移行の登記が通常総会の後になるよう、通常総会の1か月程度前に臨時総会を招集して非出資農事組合法人への定款変更を承認します。非出資農事組合法人への定款変更の効力発生日は、定款変更を決議した日ではなく非出資農事組合法人への移行の登記の日となります。このため、移行の登記の前に通常総会を開催することで、変更前の出資制の農事組合法人の定款に基づいて通常総会で行った剰余金処分によって従事分量配当を損金算入できます。

　出資制の農事組合法人が非出資制の農事組合法人に移行する場合には、次に掲げる事項を官報に公告し、知れている債権者には、各別にこれを催告しなければなりません（農協法第54条の5準用第49条）。臨時総会では、一般社団法人に組織変更する旨も決議しておき、債権者への個別催告において、非出資制の農事組合法人に移行する旨に加えて組織変更をする旨も加えておくことで、債権者への個別催告を1回で済ませることができます。

①非出資制の農事組合法人に移行する旨
②最終事業年度がない旨（臨時総会で決議した場合）
③債権者が一定（1か月以上とする。）の期間内に異議を述べることができる旨

非出資農事組合法人への移行及び組織変更の官報公告の文例（案）

非出資農事組合法人への移行及び組織変更の公告

　当組合は、令和×年×月×日開催の総会の決議により、定款を変更して非出資農事組合法人に移行したうえで一般社団法人に組織変更することにいたしました。

　組織変更後の商号は一般社団法人○○とします。

　この決定に対し異議のある債権者は、本公告掲載の翌日から一箇月以内にお申し出ください。

　なお、確定した最終事業年度はありません。

　　令和×年×月×日

　　　　　　　　　　　　　　　　　　　○○県○○市○○××番地×

　　　　　　　　　　　　　　　　　　　農事組合法人○○

　　　　　　　　　　　　　　　　　　　理事　○○　○○

催告書の文例

```
                        催 告 書

債権者　各位
　拝啓　時下ますますご清祥のことと存じあげます。
　さて、今般、当農事組合法人は、令和×年×月×日開催の総会の決議により、定款を変更
して非出資農事組合法人に移行したうえで組織を変更して、○○県○○市○○××番地×一
般社団法人○○とすることといたしましたので、非出資農事組合法人への移行及び一般社団
法人への組織変更につきご異議がありましたら、令和×年×月×日までに、その旨を当法人
までお申し出ください。
　なお、確定した最終事業年度はありません。
　（参考）農業協同組合法の規定に基づき、債権者各位に、このような催告をすることとなっ
ております。ご異議のない場合は、放置していただいて構いません。
　以上のとおり催告いたします。
                                              敬具

　令和×年×月×日

                              ○○県○○市○○××番地×
                              農事組合法人○○
                              理事　○○　○○
```

２）通常総会

　通常総会で一般社団法人へ組織変更計画の承認を行います。組織変更の効力を生ずる日（効力
発生日）は組織変更計画で定めますが、官報公告及び知れたる債権者への個別催告から１か月以
上の期間を置かなければなりません。

　総会の招集通知について、通常の場合は総会の日の５日前までに行えばよいのですが（農協法
第72条の28①）、組織変更計画を承認する場合は総会の日の２週間前に行わなければなりませ
ん（農協法第80条準用第73条の3③）。また、招集通知には、会議の目的である事項に加えて
組織変更計画の要領を示す必要がありますので、組織変更計画書を添付します。

　非出資制の農事組合法人が一般社団法人に組織変更をするには、組織変更計画を作成して、総
会の決議によって承認を受けなければなりません（農協法第78条）。組織変更計画には組織変更
後の一般社団法人の定款を別紙として添付することになりますが、農事組合法人から一般社団法
人に組織変更する場合、公証人による定款の認証は不要です。

　また、次に掲げる事項を官報に公告し、知れている債権者には、各別にこれを催告しなければ
なりません（農協法第80条準用第49条）。ただし、債権者への個別催告は、通常総会前に開始
することも可能ですので、臨時総会後の債権者への個別催告において、一般社団法人に組織変更
をする旨も加えていれば、改めて通常総会後に債権者への個別催告を行う必要はありません。同
様に官報公告についても臨時総会後の一回で済ませる方法が考えられます。

①組織変更をする旨

②最終事業年度に係る財産目録を主たる事務所に備え置いている旨（臨時総会で決議した場合は最終事業年度がない旨）

③債権者が一定（1か月以上とする。）の期間内に異議を述べることができる旨

組織変更公告の文例

組織変更公告

　当法人は、令和×年×月×日開催の総会の決議により、一般社団法人に組織変更することにいたしました。

　組織変更後の商号は一般社団法人○○とします。

　効力発生日は令和×年×月×日です。

　この組織変更に対し異議のある債権者は、本公告掲載の翌日から一箇月以内にお申し出下さい。

　なお、最終事業年度に係る財産目録は主たる事務所に備え置いております。

　　令和×年×月×日

○○県○○市○○××番地×
農事組合法人○○
理事　　○○　　○○

3）非出資農事組合法人への移行の登記

　非出資農事組合法人への移行の登記によって変更後の非出資農事組合法人としての定款の効力が発生します。この定款に基づいて持分の払戻しを行います。

4）一般社団法人の設立の登記（農事組合法人の解散の登記）

　組織変更計画で定めた効力発生日で一般社団法人に組織変更しますので、効力発生日から2週間以内に農事組合法人の解散の登記と一般社団法人の設立の登記を行います。登記後、遅滞なく、都道府県知事への届け出を行います。

農事組合法人組織変更届出書の例

5　一般社団法人への組織変更の留意点

1）組織変更の時期

　非出資制の農事組合法人に移行した場合、農業経営（2号事業）を行うことはできません。このため、水稲の栽培を行う農事組合法人の場合、非出資農事組合法人への定款変更の承認を行う臨時総会は、水稲の収穫後に行う必要があります。また、一般社団法人による農業経営は、一般社団法人に組織変更の効力発生日以降に開始する必要があります。

　なお、組合員の自家飯米など農事組合法人が保有する農産物の販売については、農業に係る共同利用施設の設置（1号事業）に附帯する事業として行うことができます。

2）借入れ農地の取り扱い

　現行の農地法では、一般社団法人が農地所有適格法人になることはできませんので、農事組合法人から一般社団法人に組織変更した場合は、農地所有適格法人に該当しないことになります。

　この場合、一般社団法人が使用収益権を有する農地は、原則として、農業委員会による公示・買収の対象となります。このため、一般社団法人が従前の農地で耕作を続けるには、既存の契約を解約した上で、改めて賃借権等を取得する必要があります。農地バンクを通して組織変更前の

農事組合法人に利用権設定していた場合、農地バンクは農事組合法人に対する利用権設定を解約したうえで、再度、一般社団法人に対して農用地利用集積等促進計画（または農用地利用配分計画）により解除条付きの利用権設定をすることになります。

3）所有農地の取り扱い

　農事組合法人が一般社団法人に組織変更すると農地所有適格法人でなくなりますが、農地所有適格法人でなくなった場合、その法人が所有する農地等は国が買収することになっています（農地法第 7 条第 1 項）。なお、農地等の買収は、農地所有適格法人の要件を充足しない法人が農地等を所有し、又は利用し続けるという状態を解消するための措置です。このため、農地所有適格法人が要件を欠いている状態であっても、近く農地等の処分が行われると見込まれる場合には、農業委員会の公示などの買収手続きは当分の間見合わせることとなっています。

　このため、組織変更前の農事組合法人が農地を所有していた場合、組織変更前または組織変更後速やかに所有農地を譲渡しなければなりません。この場合、次の譲渡先及び譲渡方法が想定されます。

(1) 広域連携法人（法人 2 階建て方式の場合）への有償譲渡

　広域連携法人に対して有償する方法です。この場合、譲渡対価は、適正な時価による必要があります。

　なお、広域連携法人が農地を無償で譲り受けた場合、広域連携法人に資産受贈益が生じ、法人税が課税されることに留意が必要です。法人税では「無償による資産の譲り受け」も益金として課税対象となります。また、無償で譲り受けた農地については、農用地等を取得した場合の課税の特例（農業経営基盤強化準備金制度）によって圧縮記帳をすることができません。

　一方、組織変更前の農事組合法人が農地を無償で譲渡（寄附）した場合、寄附金とみなされて損金不算入となり、法人税の課税対象になります。このため、組織変更前の農事組合法人が広域連携法人に農地を無償で譲渡する場合は、農事組合法人における寄附金課税を避けるため、農地バンクを通して譲渡する必要があります。

(2) 農地バンクへの無償譲渡

　農地バンクに対して無償譲渡（寄附）する方法です。法人税では無償による資産の譲渡も益金となるため、組織変更前の農事組合法人の場合、無償譲渡であっても法人税が課税されますが、農地バンクに譲渡する場合は「農地保有の合理化などのために土地を売った場合の 800 万円の特別控除の特例」の対象となります。なお、組織変更後の非営利型法人の一般社団法人が農地を無償譲渡した場合、寄附金相当額への法人税課税は生じません。

　なお、農地バンク制度の運用上、受け手が決まっていない農地を農地バンクが有償で譲り受けることはありません。

(3) 広域連携法人など農地所有適格法人の構成員への有償譲渡

　広域連携法人など農地所有適格法人に利用権設定する目的で、その構成員に対して有償譲渡する方法です。農地バンクは農用地利用集積等促進計画を作成する場合においても、利用権の

設定等に関する要件緩和により、農地所有適格法人の構成員が農地バンクを介してその農地所有適格法人に利用権の設定（農地バンクを通した利用権の設定を含む。）をする目的で所有権の移転を受けることが認められています。

（4）国による買収

農地等の譲渡先が最終的に見つからない場合は、国による買収が行われます。

4）農業機械・施設等の取り扱い

一般社団法人が保有する農業機械・施設等は、必要に応じて広域の農業法人に有償譲渡します。非営利型法人の一般社団法人の場合、農業機械・施設の譲渡について譲渡益が生じても法人税は課税されず、収益事業を営まなければ法人税の申告も不要になります。

5）農業経営基盤強化準備金の取り扱い

農事組合法人で積み立てた農業経営基盤強化準備金があれば、一般社団法人に組織変更すると農地所有適格法人に該当しなくなりますので、組織変更前にこれを取り崩して農業機械・施設を取得して圧縮記帳したうえで、組織再編後の一般社団法人で所有します。ただし、これらの農業機械・組織の一部は広域の農業法人で活用することが想定されます。

このため、広域の農業法人では必要となる農業機械・施設について広域の農業機械・施設整備計画を策定し、その計画に基づいて個々の集落営農法人が農業機械等を購入します。ただし、農業経営基盤強化準備金をもって農業機械等を取得する場合、農業経営改善計画への記載が条件となるため、事前に個々の集落営農法人において農業経営改善計画の変更手続きを行う必要があります。

6）収入保険の取り扱い

収入保険の加入は、青色申告が要件となっていますが、組織変更後の非営利型法人の一般社団法人が農業のみを営む場合、法人税の申告義務がなく青色申告できませんので、収入保険への加入が認められなくなります。ただし、農作業受託（請負業）など法人税法上の収益事業（34事業）を営む場合は、法人税の申告義務が生じますので、青色申告すれば収入保険への加入が認められます。なお、特定法人の場合は、農作業受託（請負業）が収益事業から除外されることに留意する必要があります。

6 　一般社団法人への組織変更の税務

1）異動届出書

農事組合法人から一般社団法人に組織変更しても事業年度が継続しますが、一般社団法人が非営利型法人に該当することとなった場合は、非営利型法人の要件に該当することとなった日までを事業年度とみなして、決算・税務申告が必要になります。また、「異動届出書」によって、「法人等の名称」と「法人区分の変更」の変更を次表のように届け出ます。非営利型法人の一般社団法人は、収益事業を営まなければ法人税の申告は不要です。

異動届出書の「異動事項等」欄の記載例

異動事項等	異動前	異動後	異動年月日 （登記年月日）
法人等の名称 法人区分の変更	農事組合法人○○ 協同組合等	一般社団法人○○ 非営利型法人	○年○月○日

2）法人税申告

　一般社団法人への組織変更の効力発生日に非営利型法人に該当することとなりますので、効力発生日の前日までを事業年度とみなして農事組合法人の決算・税務申告を行います。ただし、農事組合法人であった期間の確定申告であっても、組織変更によって申告書の提出の時点では一般社団法人となっていますので、一般社団法人の名称で確定申告をすることとなります。

一般社団法人への組織変更に伴う農事組合法人の税務申告

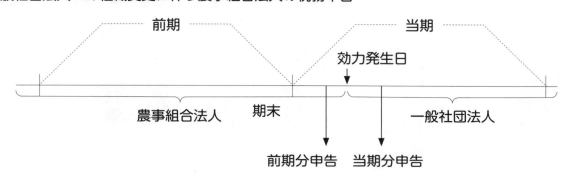

　本来、農事組合法人から一般社団法人に組織変更しても農事組合法人の解散の登記、一般社団法人の設立の登記にかかわらず、その法人の事業年度は、その組織変更等によって区分されず継続します（法人税基本通達1－2－2）。しかしながら、事業年度の特例の規定により、「普通法人若しくは協同組合等が事業年度の中途において公益法人等に該当することとなつた」場合には、「その事実が生じた日」から事業年度が開始するものとされますので（法人税法第14条第1項第4号）、一般社団法人（非営利型法人に該当しない場合は普通法人）が非営利型法人（公益法人等）に該当することとなった場合は、非営利型法人の要件に該当することとなった日の前日までが事業年度となります（法人税基本通達1－2－6（2）ロ）。なお、非営利型法人の要件を満たすよう一般社団法人の定款を作成した場合、一般社団法人への組織変更と同時に非営利型法人となります。

第3章

一般社団法人の設立

1　一般社団法人の設立手続き

　一般社団法人を設立する人を設立時社員と呼び、設立時社員は一般社団法人の原始定款を作成し、設立時の理事など設立時の役員を指定することができます。

1）定款の作成

　一般社団法人を設立するには、まず定款を作成し、公証人の認証を受ける必要があります。定款とは、法人設立時に発起人全員が合意した法人の基本原則を記載した文書です。一般社団法人の定款には、次に掲げる事項を記載（記録）しなければならないこととされています。

　　①目的
　　②名称
　　③主たる事務所の所在地
　　④設立時社員の氏名又は名称及び住所
　　⑤社員の資格の得喪に関する規定
　　⑥公告方法
　　⑦事業年度

　なお、監事、理事会又は会計監査人を置く場合にも、その旨の定款の定めが必要になります。定款で設立時の役員を定めた場合は、下記の3）設立時役員の選任の手続きを省略することができます。

2）定款の認証

　本店所在地と同じ都道府県にある公証人役場で認証を受けます。

3）設立時役員の選任

　定款に設立時の理事を定めていない場合は、定款認証後、社員が集まって設立時の理事を選びます。設立時監事や設立時会計監査人を置く場合は、これらの者も選任します。理事の数は、設立後の一般社団法人が理事会を設置する場合には3名以上、理事会を設置しない場合には少なくとも1名または2名とします。ただし、非営利型法人とするには、理事の数は3名以上となります。

4）設立手続きの調査

　設立時理事が、設立手続きの調査を行います。設立時監事が置かれている場合は、設立時監事も理事とともに設立手続きの調査に当たります。

5）設立登記

　設立時理事または設立時代表理事など、法人を代表すべき者が、法定の期限内に、主たる事務所の所在地を管轄する法務局又は地方法務局に設立の登記の申請を行います。

2　集落営農・農村ＲＭＯにおける一般社団法人の定款例及び逐条解説

一般社団法人○○地区組合　定款（案）

第1章　総　則

（名　称）

第1条　この法人は、一般社団法人○○地区組合と称する。

（事務所）

第2条　この法人は、主たる事務所を○○県○○市に置く。

（目　的）

第3条　この法人は、○○県○○市○○地区（以下「○○地区」という。）の農地・農業用水等の資源や農村環境の良好な保全と質的向上を図り、○○地区の農業の振興と農業経営及び生活の改善を図ることを目的とする。

（事　業）

第4条　この法人は、前条の目的を達成するため、次の事業を行う。

（1）農業の経営

（2）○○地区の農地・農業用水等の資源の保全と質的向上を図る事業

（3）○○地区の農業と生活環境との調和及び整備を図る事業

（4）農地中間管理事業の推進に関する事業

（5）日本型直接支払に関する事業

（6）その他この法人の目的を達成するために必要な事業

（公告の方法）

第5条　この法人の公告は、この法人の主たる事務所の公衆の見やすい場所に掲示する方法により行う。

第2章　会　員

（会員の構成）

第6条　この法人の会員は、次の2種とし、正会員をもって一般社団法人及び一般財団法人に関する法律（以下「一般法人法」という。）上の社員とする。

（1）正会員　○○地区内の農用地につき所有権若しくはその他の使用収益権を有する者又は○○地区に住所又は事務所（従たる事務所を含む。）を有する者でこの法人の目的に賛同して入会した個人又は団体

（2）賛助会員　この法人の事業を賛助するため入会した個人又は団体

法人税法上の特定法人とする場合には、本条を次のように改めること。

（会員の構成）

第6条　この法人の会員は、次の2種とし、正会員をもって一般社団法人及び一般財団法人に関する法律（以下「一般法人法」という。）上の社員とする。

（1）正会員　地方公共団体及び○○地区内の農用地につき所有権若しくはその他の使用収益権を有する者又は○○地区に住所若しくは事務所（従たる事務所を含む。）を有する者でこの法人の目的に賛同して入会した個人又は団体

（2）賛助会員　この法人の事業を賛助するため入会した個人又は団体

（入　会）

第7条　正会員又は賛助会員として入会しようとする者は、理事会が別に定める入会申込書により申し込み、理事会の承認があったときに正会員又は賛助会員となる。

（会　費）

第8条　会員は、社員総会において別に定める会費を納入しなければならない。

（任意退会）

第9条　会員は、理事会において別に定める退会届を提出することにより、任意にいつでも退会することができる。

（除　名）

第10条　会員が次のいずれかに該当するときは、社員総会において、総正会員の半数以上であって、総正会員の議決権の3分の2以上に当たる多数の決議をもって、当該会員を除名することができる。

（1）この定款その他の規則に違反したとき。

（2）この法人の名誉を傷つけ、又は目的に反する行為をしたとき。

（3）その他除名すべき正当な事由があるとき。

（会員の資格喪失）

第11条　前2条の場合のほか、会員は、次のいずれかに該当するときは、その資格を喪失する。

（1）1年以上会費を滞納したとき。

（2）総正会員が同意したとき。

（3）死亡し、又は解散したとき。

第3章　社員総会

（構　成）

第12条　社員総会は、すべての正会員をもって構成する。

（権　限）

第13条　社員総会は、次の事項について決議する。

（1）会員の除名

（2）理事及び監事の選任又は解任

（3）理事及び監事の報酬等の額

（4）貸借対照表及び損益計算書並びにこれらの附属明細書の承認

（5）定款の変更

（6）解散及び残余財産の処分

（7）その他社員総会で決議するものとして法令又はこの定款で定める事項

（開　催）

第14条　この法人の社員総会は、定時社員総会及び臨時社員総会とし、定時社員総会は、毎事業年度の終了後3か月以内に開催し、臨時社員総会は、必要に応じて開催する。

（招　集）

第15条　社員総会は、法令に別段の定めがある場合を除き、理事会の決議に基づき会長が招集する。

（議　長）

第16条　社員総会の議長は、会長がこれに当たる。会長に事故があるときは、当該社員総会において正会員の中から議長を選出する。

（議決権）

第17条　社員総会における議決権は、正会員1名につき1個とする。

法人税法上の特定法人とする場合には、本条を次のように改めること。

（議決権）

第17条　社員総会における議決権は、地方公共団体以外の正会員は1名につき1個とし、地方公共団体の正会員は地方公共団体以外の正会員の議決権の合計に1を加えた個数とする。

（決　議）

第18条　社員総会の決議は、法令又は定款に別段の定めがある場合を除き、総正会員の議決権の過半数を有する正会員が出席し、出席した当該正会員の議決権の過半数をもって行う。

2　前項の規定にかかわらず、次の決議は、総正会員の半数以上であって、総正会員の議決権の3分の2以上に当たる多数をもって行わなければならない。

（1）会員の除名

（2）監事の解任

（3）定款の変更

（4）解散及び残余財産の処分

（5）その他法令又はこの定款で定める事項

（代　理）

第19条　社員総会に出席できない正会員は、他の正会員を代理人として議決権の行使を委任することができる。この場合においては、当該正会員又は代理人は、代理権を証明する書類をこの法人に提出しなければならない。

（決議・報告の省略）

第20条　理事又は正会員が、社員総会の目的である事項について提案をした場合において、その提案について、正会員の全員が書面又は電磁的記録により同意の意思表示をしたときは、その提案を可決する旨の社員総会の決議があったものとみなす。

2　理事が正会員の全員に対して社員総会に報告すべき事項を通知した場合において、その事項を社員総会に報告することを要しないことについて、正会員の全員が書面又は電磁的記録により同意の意思表示をしたときは、その事項の社員総会への報告があったものとみなす。

（議事録）

第21条　社員総会の議事については、法令の定めるところにより議事録を作成する。

2　議長及び出席した理事は、前項の議事録に署名又は記名押印する。

第4章　役員

（役員）

第22条　この法人に、次の役員を置く。

　（1）理事　3名以上9名以内

　（2）監事　2名以内

2　理事のうち、1名を代表理事とする。

　法人税法上の非営利型法人とするには、法人税法施行令第3条第1項第4号の要件との関係で、理事の員数の下限は「3名以上」とする必要がある。なお、理事の員数の上限についてとくに制限はない。

（役員の選任）

第23条　理事及び監事は、社員総会の決議によって選任する。

2　理事は、正会員の中から選任する。

3　代表理事は、理事会の決議によって理事の中から選定し、代表理事をもって会長とする。

4　監事は、この法人又はその子法人の理事又は使用人を兼ねることができない。

5　各理事について、当該理事及びその配偶者又は3親等内の親族（これらの者に準ずるものとして当該理事と政令で定める特別の関係にある者を含む。）の合計数は、理事の総数の3分の1を超えてはならない。監事についても、同様とする。

　法人税法上の非営利型法人の範囲として「各理事（中略）について、当該理事及び当該理事の配偶者又は三親等以内の親族その他の当該理事と財務省令で定める特殊の関係のある者である理事の合計数の理事の総数のうちに占める割合が、三分の一以下であること。」（法人税法施行令第3条第1項第4号）が要件の一つとなっており、非営利型法人では本条項のように役員の選任規定に織り込んでおくことが望ましい。

（理事の職務及び権限）

第24条　理事は、理事会を構成し、法令及びこの定款の定めるところにより、職務を執行する。

2　会長は、法令及びこの定款の定めるところにより、この法人を代表し、その業務を執行する。

（監事の職務及び権限）

第25条　監事は、理事の職務の執行を監査し、法令で定めるところにより、監査報告を作成する。

2　監事は、いつでも、理事及び使用人に対して事業の報告を求め、この法人の業務及び財産の状況の調査をすることができる。

（役員の任期）

第26条　理事の任期は、選任後2年以内に終了する事業年度のうち最終のものに関する定時社員総会の終結の時までとする。

2　監事の任期は、選任後4年以内に終了する事業年度のうち最終のものに関する定時社員総会の終結の時までとする。

3　補欠として選任された理事又は監事の任期は、前任者の任期の満了する時までとする。

4　理事若しくは監事が欠けた場合又は第22条第1項で定める理事若しくは監事の員数が欠けた場合には、任期の満了又は辞任により退任した理事又は監事は、新たに選任された者が就任するまで、なお理事又は監事としての権利義務を有する。

　一般法人法により、「理事の任期は、選任後二年以内に終了する事業年度のうち最終のものに関する定時社員総会の終結の時まで」（第66条）、「監事の任期は、選任後四年以内に終了する事業年度のうち最終のものに関する定時社員総会の終結の時まで」（第67条第1項）とされている。

（役員の解任）

第27条　理事及び監事は、社員総会の決議によって解任することができる。ただし、監事を解任する決議は、総正会員の半数以上であって、総正会員の議決権の3分の2以上に当たる多数をもって行わなければならない。

（報酬等）

第28条　理事及び監事の報酬、賞与その他の職務執行の対価としてこの法人から受ける財産上の利益は、社員総会の決議によって定める。

第5章 理事会

（構　成）

第29条　この法人に理事会を置く。

2　理事会は、すべての理事をもって構成する。

（権　限）

第30条　理事会は、この定款に別に定めるもののほか、次の職務を行う。

（1）業務執行の決定

（2）理事の職務の執行の監督

（3）代表理事の選定及び解職

（招　集）

第31条　理事会は、会長が招集する。

2　会長が欠けたとき又は会長に事故があるときは、あらかじめ理事会が定めた順序により他の理事が招集する。

3　理事及び監事の全員の同意があるときは、招集の手続を経ないで理事会を開催することができる。

（議　長）

第32条　理事会の議長は、会長がこれに当たる。

（決　議）

第33条　理事会の決議は、この定款に別段の定めがある場合を除き、議決に加わることができる理事の過半数が出席し、その過半数をもって行う。

2　前項の規定にかかわらず、一般法人法第96条の要件を満たすときは、当該提案を可決する旨の理事会の決議があったものとみなす。

（報告の省略）

第34条　理事又は監事が理事及び監事の全員に対し、理事会に報告すべき事項を通知したときは、その事項を理事会に報告することを要しない。ただし、一般法人法第91条第2項の規定による報告については、この限りでない。

（議事録）

第35条　理事会の議事については、法令の定めるところにより議事録を作成する。

2　出席した理事及び監事は、前項の議事録に署名又は記名押印する。

　　基金の規定を加える場合は、本条の次に次の1条を加え、次条以降を繰り下げる。

第6章　基　金

（基金の拠出等）

第36条　当法人は、基金を引き受ける者の募集をすることができる。

2　拠出された基金は、当法人が解散するまで返還しない。

3　基金の返還の手続については、基金の返還を行う場所及び方法その他の必要な事項を清算人において別に定めるものとする。

第6章　計　算

（事業年度）

第36条　この法人の事業年度は、毎年4月1日から翌年3月31日までの年1期とする。

（事業計画及び収支予算）

第37条　この法人の事業計画及び収支予算については、毎事業年度開始日の前日までに会長が作成し、理事会の決議を経て社員総会の承認を受けなければならない。これを変更する場合も、同様とする。

（事業報告及び決算）

第38条　この法人の事業報告及び決算については、毎事業年度終了後、会長が次の書類を作成し、監事の監査を受けた上で、理事会の承認を経て、定時社員総会に提出し、第1号及び第2号の書類については、その内容を報告し、第3号から第5号までの書類については、承認を受けなければならない。

（1）事業報告

（2）事業報告の附属明細書

（3）貸借対照表

（4）損益計算書

（5）貸借対照表及び損益計算書の附属明細書

（剰余金の不分配）

第39条　この法人は、剰余金の分配を行わない。

> 　法人税法上の非営利型法人の範囲として「その定款に剰余金の分配を行わない旨の定めがあること。」（法人税法施行令第3条第1項第1号）が要件の一つとなっており、非営利型法人では本条項が必須となる。

第7章　定款の変更、解散及び清算

（定款の変更）

第40条　この定款は、社員総会における、総正会員の半数以上であって、総正会員の議決権の3分の2以上に当たる多数の決議によって変更することができる。

（解　散）

第41条　この法人は、社員総会における、総正会員の半数以上であって、総正会員の議決権の3分の2以上に当たる多数の決議その他法令に定める事由によって解散する。

（残余財産の帰属）

第42条　この法人が清算をする場合において有する残余財産は、社員総会の決議を経て、公益社団法人及び公益財団法人の認定等に関する法律第5条第17号に掲げる法人又は国若しくは地方公共団体に贈与するものとする。

> 　法人税法上の非営利型法人の範囲として「その定款に解散したときはその残余財産が国若しくは地方公共団体（中略）に帰属する旨の定めがあること。」（法人税法施行令第3条第1項第2号）が要件の一つとなっており、非営利型法人では本条項が必須となる。

第8章　附　則

（最初の事業年度）

第43条　この法人の最初の事業年度は、この法人成立の日から令和○○年○月○日までとする。

（設立時の役員）

第44条　この法人の設立時理事、設立時代表理事及び設立時監事は、次のとおりとする。

　　　　設立時理事　　　　〇〇　〇〇　　〇〇　〇〇　　〇〇　〇〇

　　　　設立時代表理事　　〇〇　〇〇

　　　　設立時監事　　　　〇〇　〇〇

（設立時社員の氏名及び住所）

第45条　この法人の設立時社員の氏名又は名称及び住所は、次のとおりである。

　　　　住所　　　　　　〇〇県〇〇市〇〇

　　　　設立時社員　　　〇〇 〇〇

　　　　住所　　　　　　〇〇県〇〇市〇〇

　　　　設立時社員　　　〇〇 〇〇

　　　　住所　　　　　　〇〇県〇〇市〇〇

　　　　設立時社員　　　〇〇 〇〇

　　　　住所　　　　　　〇〇県〇〇市〇〇

　　　　設立時社員　　　〇〇 〇〇

（法令の準拠）

第46条　本定款に定めのない事項は、すべて一般法人法その他の法令に従う。

　　以上、一般社団法人〇〇地区組合設立のため、この定款を作成し、設立時社員が次に記名押印する。

　　令和〇年〇月〇日

　　　　設立時社員　　〇〇　〇〇　　印

　　　　設立時社員　　〇〇　〇〇　　印

　　　　設立時社員　　〇〇　〇〇　　印

　　　　設立時社員　　〇〇　〇〇　　印

3　特定法人のメリットとその活用

1）「特定法人」とは

　特定法人とは、法人税法の法令に定める「収益事業の範囲」の特例により、農作業のための請負業（農作業受託）や物品貸付業（農業機械施設貸付け）などについて法人税が非課税となる法人です。特定法人は、その社員総会における議決権の総数の2分の1以上の数が当該地方公共団体により保有されている非営利型法人の一般社団法人など（注）で、その業務が地方公共団体の管理の下に運営されているものをいいます（法人税法施行令第5条第2号）。いわゆる市町村農業公社がこれに該当しますが、今後は農村RMOの法人としての活用が期待されます。

（注）公益社団法人も含まれる。

法人税法施行令　第5条（収益事業の範囲）

　法第二条第十三号（定義）に規定する政令で定める事業は、次に掲げる事業（その性質上その事業に付随して行われる行為を含む。）とする。

一　（略）

二　不動産販売業のうち次に掲げるもの以外のもの

　イ　次に掲げる法人で、その業務が地方公共団体の管理の下に運営されているもの（以下この項において「特定法人」という。）の行う不動産販売業

　　（1）その社員総会における議決権の総数の二分の一以上の数が当該地方公共団体により保有されている公益社団法人又は法別表第二に掲げる一般社団法人

　　（2）その拠出をされた金額の二分の一以上の金額が当該地方公共団体により拠出をされている公益財団法人又は法別表第二に掲げる一般財団法人

　　（3）その社員総会における議決権の全部が（1）又は（2）に掲げる法人により保有されている公益社団法人又は法別表第二に掲げる一般社団法人

　　（4）その拠出をされた金額の全額が（1）又は（2）に掲げる法人により拠出をされている公益財団法人又は法別表第二に掲げる一般財団法人

　（以下略）

法人税法　別表第二　公益法人等の表
（第二条、第三条、第三十七条、第六十六条、附則第十九条の二関係）

名　称	根拠法
（略）	（略）
一般社団法人 （非営利型法人に該当するものに限る。）	一般社団法人及び一般財団法人に関する法律 （平成十八年法律第四十八号）
（略）	（略）

２）特定法人のメリット

（1）法人税申告の事務負担の軽減

　非営利型法人の一般社団法人が法人税法における収益事業と収益事業以外の事業を行っている場合には、区分経理をしたうえで、収益事業に係る所得について法人税を申告する必要があります。「特定法人」に該当しない非営利型法人の一般社団法人が農作業のための請負業（農作業受託）や物品貸付業（農業機械施設貸付け）などを行っている場合、たとえ赤字であっても区分経理をしなければならず、収益事業とそれ以外の事業との間で共通経費を按分するなどの事務負担が生じます。非営利型法人の一般社団法人が特定法人となることで農作業のための請負業や物品貸付業などが収益事業から除外されるため、法人税申告に係る事務負担が軽減されます。

（2）法人税等の負担の軽減

　農作業のための請負業や物品貸付業も法人税非課税の対象となるため、仮にこれらの事業で利益が生じても法人税や法人住民税法人税割、法人事業税の負担が生じません。ただし、法人住民税均等割は負担する必要があります。

（3）特定法人となった場合の留意点

　地方公共団体が議決権の総数の２分の１以上を保有するため、地方公共団体が特定法人の運営に一定の責任を持つことになります。このため、特定法人が借入れなどの多額の債務を有することとなる場合には、その弁済について地方公共団体も一定の責任を負うことになります。一方、特定法人が借入れなどを行わなければ、地方公共団体が重い責任を負うことはありません。

（4）特定法人の活用例

　市町村農業公社としての例は多数ありますが、農村ＲＭＯの法人としては長野県飯島町が合併前の旧村ごとに（一社）田切の里営農組合など四つの特定法人を設置しているほか、（一社）笠木営農組合（鳥取県日南町）、（一社）大秋みのりの会（青森県西目屋村）などの例があります。

　岩手県滝沢市では、農地バンクを活用した農地の集積・集約化だけでなく、農作業受託（請負業）を行うために、（一社）アグリサポートおおさ輪（2022 年 8 月 26 日設立）と（一社）うかい結ファーム（2022 年 8 月 30 日設立）の二つの特定法人の一般社団法人を設立し、これらは特定農業法人にもなっています（農用地利用改善団体は別途、設立）。

第4章

一般社団法人の運営

1 一般社団法人の事業運営

1）一般社団法人の事業内容

　一般社団法人が行うことのできる事業に制限はありません。ただし、法人税法で定めた収益事業（特掲34業種）を行う場合には、法人税等の申告・納税を行う必要があります。自ら権限を持つ農地で農産物を生産する農業については、34種の収益事業に該当しませんので、実施する事業が農業だけであれば、法人税等の申告は不要です。しかしながら、農作業受託を行う場合は、農作業受託が請負業として収益事業に該当しますので、法人税等の申告・納税が必要となります。

2）一般社団法人の運営

　一般社団法人は、法人自体の名義で預金口座を開設や不動産などの財産の登記・登録が可能となり、対外的な権利義務関係が明確になります。

　一般社団法人は、株式会社のように営利を目的とした法人ではないため、社員（構成員）や設立者に剰余金や残余財産の分配を受ける権利を付与することはできません。ただし、社員が法人の事業に従事した場合は、給与（賃金・賞与）などとして対価を支払うことができます。

一般社団法人及び一般財団法人に関する法律　第11条（定款の記載又は記録事項）

> 一般社団法人の定款には、次に掲げる事項を記載し、又は記録しなければならない。
> 　一　目的
> 　二　名称
> 　三　主たる事務所の所在地
> 　四　設立時社員の氏名又は名称及び住所
> 　五　社員の資格の得喪に関する規定
> 　六　公告方法
> 　七　事業年度
> 　2　社員に剰余金又は残余財産の分配を受ける権利を与える旨の定款の定めは、その効力を有しない。

2　一般社団法人の会計

1）一般社団法人の会計基準

　一般社団法人が適用する会計基準について、特に義務づけられている会計基準はなく、一般に公正妥当と認められる会計の基準その他の会計の慣行によることが求められます。現実的には、主に「公益法人会計」と「企業会計」の2種類が考えられます。

　具体的に作成する財務諸表の種類としては、計算書類として①貸借対照表、②損益計算書、その附属明細書を作成することになります。公益法人会計基準では、法人法上の損益計算書に相当するものを正味財産増減計算書と呼んでいます。また、公益法人会計基準による貸借対照表では、企業会計基準における「純資産の部」を「正味財産の部」と呼んでいます。

　農業経営を行わない一般社団法人については、交付金や寄付金による収入が収益の大部分を占めることから、これらの収益を適切に表示するためには、企業会計基準ではなく、公益法人会計基準による正味財産増減計算書を作成することが考えられます。

　一方、集落営農など農業経営を行う一般社団法人については、農事組合法人の集落営農の場合と同様、企業会計基準によって、損益計算書と貸借対照表を作成することをお勧めします。

　一般社団法人が多面的機能支払の活動組織となる場合は、農業経営など多面的機能支払交付金以外の事業と区分して経理を行う必要があるため、部門管理などの方法により区分経理する必要があります。なお、多面的機能支払交付金について、資源向上支払交付金（長寿命化）とそれ以外（農地維持支払交付金又は資源向上支払交付金（共同））で区分していた経理を1本化することが可能となりましたが、経理区分を一本化する場合においても、資源向上支払交付金（長寿命化）を農地維持活動や資源向上活動（共同）に充当することはできません。

集落営農・RMO法人のモデル勘定科目

損益計算書

	勘定科目	解説	農業	多面
売上高				
	（製品）売上高	生産した農産物など製品の販売収入		
	作業受託収入	農作業等の作業受託による収入		
	価格補填収入	数量払交付金		
	活動助成収入	日本型直接支払交付金		交付金
売上原価		商品の仕入原価、製品の製造原価		
	期首製品棚卸高	商品・製品の期首在り高		
	当期製品製造原価	製品の当期における製造原価		
	△期末製品棚卸高	商品・製品の期末在り高		
	△事業消費高	事業用に消費した製品の評価額		
売上総利益		＝売上高－売上原価		
販売費及び一般管理費				
営業利益		＝売上総利益－販売費及び一般管理費		
営業外収益		金融収益その他営業外の経常的収益		
	受取利息	預貯金・貸付金に対して受け取る利息		利子等
	受取配当金	株式・出資金に対して受け取る配当金		
	一般助成収入	経常的に交付される助成金		
	作付助成収入	面積払交付金等		
	雑収入	その他の営業外収益		
営業外費用		金融費用その他営業外の経常的費用		
	支払利息	借入金の支払利息		
	雑損失	その他の営業外費用		
経常利益		＝営業利益＋営業外収益－営業外費用		
特別利益		臨時利益及び過年度損益修正益		
	固定資産売却益	固定資産の売却による利益		
	受取共済金	棚卸資産に対する共済金・保険金		
	経営安定補填収入	過年度の価格下落等に対する補填金		
	収入保険補填収入	収入保険の保険金等の見積額		
	国庫補助金収入	固定資産の取得のための補助金		
特別損失		臨時損失及び過年度損益修正損		
	固定資産売却損	固定資産の売却により生じた損失		
	固定資産除却損	固定資産の除却により生じた損失		
	災害損失	災害による固定資産の損失		
税引前当期純利益		＝経常利益＋特別利益－特別損失		
法人税、住民税及び事業税		当期の法人税等の見積計上額		
当期純利益		＝税引前当期純利益－法人税等		

製造原価報告書

勘定科目		解説	農業	多面
材料費		物品の消費により生ずる原価		
	期首材料棚卸高	原材料の期首在り高		
	種苗費	種子、種芋、苗類などの購入費用		
	肥料費	肥料の購入費用、緑肥の種子代等		
	農薬費	農薬の購入費用、防除費用		
	諸材料費	ビニールマルチなどの購入費用		
	期末材料棚卸高	原材料の期末在り高		
労務費		労働用役の消費により生ずる原価		
	賃金手当	生産業務従事の常雇の従業員の労賃		
	雑給	生産業務従事の臨時雇の従業員の労賃		
	賞与	生産業務従業員の臨時的な給与		
	法定福利費	労働保険料、社会保険料の事業主負担額		
	福利厚生費	保健衛生、慰安、慶弔等費用		
	作業用衣料費	作業服、軍手、長靴などの購入費用		
製造経費		労働用役の消費により生ずる原価		
	農具費	10万円・耐用年数1年未満の農具購入		
	修繕費	生産用固定資産の修理費用		
	動力光熱費	生産用電気水道料金や軽油など燃料費		
	共済掛金	共済掛金、価格補填負担金、収入保険料		
	農地賃借料	農地の地代（小作料）		
	地代賃借料	農業用機械・施設の賃借料、敷地の地代		
	土地改良費	土地改良区の賦課金等		
	租税公課	生産用資産の固定資産税・自動車税など		
当期総製造費用				
期首仕掛品棚卸高		仕掛品（未収穫農産物）の期首在り高		
育成費振替高（△）		育成中生物の当期支出分の原価控除額		
期末仕掛品棚卸高		仕掛品（未収穫農産物）の期末在り高		
当期製品製造原価		製品の当期における製造原価		

販売費及び一般管理費

勘定科目	解説	農業	多面
役員報酬	役員に対する給料		
給料手当	販売管理業務に従事する常雇の従業員の給料		
雑給	販売管理業務に従事する臨時雇の従業員の給料		日当
賞与	販売管理業務従業員の臨時的な給与		
退職金	退職に伴って支給される臨時的な給与		
業務委託費	業務を外部に委託する費用		外注費
法定福利費	販売管理業務従業員の社会労険料の事業所負担額		
福利厚生費	販売管理業務従業員の保健衛生、慰安、慶弔等の費用		
荷造運賃	出荷用包装材料の購入費用、製品の運送費用		
販売手数料	ＪＡや市場の販売手数料		
広告宣伝費	不特定多数への宣伝効果を意図して支出する費用		
交際費	取引先の接待、供応、慰安、贈答のため支出する費用		
会議費	会議・打合せ等の費用		
旅費交通費	出張旅費、宿泊費、日当等の費用		
事務通信費	事務用消耗品費、通信費、一般管理用の水道光熱費		
車両費	自動車燃料代、車検費用等販売管理用車両の維持費用		
消耗品費	消耗品の購入費用等		購入・リース費
図書研修費	新聞図書費、研修費		
支払報酬	税理士、司法書士等の報酬		
修繕費	販売管理用固定資産の修理費用		
減価償却費	販売管理用の固定資産の減価償却費		
地代家賃	販売管理用土地・建物の賃借料		
支払保険料	販売管理用固定資産の保険料		
租税公課	印紙税、税込経理方式の場合の消費税など		
諸会費	同業者団体等の会費		
寄付金	事業に直接、関連の無い者への金品の贈与		
貸倒損失	売掛金などの売上債権の貸倒れによる回収不能額		
雑費	一般管理費用で他の勘定に属さないもの		

公益法人会計基準の正味財産増減計算書と企業会計基準の損益計算書の比較

公益法人会計基準	企業会計基準
正味財産増減計算書	損益計算書
Ⅰ　一般正味財産増減の部	Ⅰ　経常損益の部
1．経常増減の部 （1）経常収益 　　受取会費 　　事業収益 　　受取交付金等 　　受取寄付金 　　　経常収益計	1．営業損益の部 売上高 　　○○売上高 　　作業受託収入 　　価格補填収入 　　**活動助成収入**※交付金 　　売上高計 売上原価 　　売上総利益
（2）経常費用 　事業費 　　賃金 　　作業委託費 　　・・・・・・・・・・・ 　管理費 　　役員報酬 　　・・・・・・・・・ 　経常費用計 　　当期経常増減額	販売費及び一般管理費 　　役員報酬 　　給料手当※日当 　　**消耗品費**※購入・リース費 　　**業務委託費**※外注費 　　　　営業利益
2．経常外増減の部 （1）経常外収益 　　固定資産売却益 　　・・・・・・・・・・・ 　　経常外収益計 （2）経常外費用 　　固定資産売却損 　　・・・・・・・・・・・ 　　経常外費用計 　　　当期経常外増減額 　　　当期一般正味財産増減額	2．営業外損益の部 営業外収益 　　一般助成収入 　　・・・・・・・・・・・ 雑収入 　　　営業外収益計 営業外費用 　　支払利息 　　・・・・・・・・・・・ 　　雑損失 営業外費用計 　　　　経常利益
Ⅱ　指定正味財産増減の部	Ⅱ　純損益の部
受取補助金等 　　当期指定正味財産増減額 　　指定正味財産期首残高 　　指定正味財産期末残高	特別利益 　　固定資産売却益 　　国庫補助金収入 　特別損失 　　固定資産売却損 税引前当期純利益 法人税、住民税及び事業税 当期純利益
Ⅲ　正味財産期末残高	

（注）太字は多面的機能支払交付金の事業に取り組む場合に追加する勘定科目

2）一般社団法人の決算

（1）非営利性の確認

　非営利性を守るということは、利益を出してはいけないということではなく、利益を分配してはいけないということです。ただし、役員報酬や給料、作業委託費など、役務提供の対価として支払うことは問題ありません。利益の分配を行ったと見られることがないよう、役務提供の対価以外で構成員に支払いが行われていないか確認する必要があります。

（2）区分経理

　非営利型法人の一般社団法人が、法人税法における収益事業と収益事業以外の事業の両方を行っている場合には、区分経理をしたうえで、収益事業に係る所得について法人税を申告する必要があります。

　なお、区分経理による事務負担を避けるため、非営利型法人の一般社団法人においては、できる限り、収益事業を行わないよう運営するのが無難です。また、収益事業を行う場合であっても収益事業と収益事業以外との間で費用を按分する必要のない事業を行うのが良いでしょう。

法人税基本通達　15－2－5（費用又は損失の区分経理）

　公益法人等又は人格のない社団等が収益事業と収益事業以外の事業とを行っている場合における費用又は損失の額の区分経理については、次による。（昭56年直法2－16「八」、平20年課法2－5「三十」により改正）

（1）収益事業について直接要した費用の額又は収益事業について直接生じた損失の額は、収益事業に係る費用又は損失の額として経理する。

（2）収益事業と収益事業以外の事業とに共通する費用又は損失の額は、継続的に、資産の使用割合、従業員の従事割合、資産の帳簿価額の比、収入金額の比その他当該費用又は損失の性質に応ずる合理的な基準により収益事業と収益事業以外の事業とに配賦し、これに基づいて経理する。

（注）公益法人等又は人格のない社団等が収益事業以外の事業に属する金銭その他の資産を収益事業のために使用した場合においても、これにつき収益事業から収益事業以外の事業へ賃借料、支払利子等を支払うこととしてその額を収益事業に係る費用又は損失として経理することはできないことに留意する。

3　一般社団法人の税務

1）一般社団法人における法人税の取扱い

（1）非営利型法人の法人税非課税

　一般社団法人のうち非営利型法人に該当するものは、法人税法上「公益法人等」として取り扱われ、法人税法で定めた収益事業（特掲34業種）にのみ法人税が課税されます。一方、非営利型法人に該当しない一般社団法人は、普通法人として取り扱われます。

　交付金による地域資源管理活動や農業はこの場合の34業種の収益事業のいずれにも該当しません。このため、地域資源管理活動や農業など非収益事業のみを行う非営利型法人の一般社団法人は、法人税が課税されないため、法人税の申告をする必要もありません。

　請負業は34業種の収益事業の一つですので、農作業のために行う請負業を行った場合にはその事業の損益が赤字であっても法人税の申告が必要となります。しかしながら、地方公共団体の議決権を半数以上とすることで、法人税法上、農作業のために行う請負業が非収益事業として取り扱われ、法人税非課税になります。このことで、非営利型法人の一般社団法人が草刈作業や水管理・肥培管理作業を受託しても、他に収益事業を営まない限り、法人税の申告が不要になります。

法人税法施行令　第5条（収益事業の範囲）

　一　（略）

　二　不動産販売業のうち次に掲げるもの以外のもの

　　イ　次に掲げる法人で、その業務が地方公共団体の管理の下に運営されているもの（以下この項において「特定法人」という。）の行う不動産販売業

　　（1）その社員総会における議決権の総数の二分の一以上の数が当該地方公共団体により保有されている公益社団法人又は法別表第二に掲げる一般社団法人

（中略）

　四　物品貸付業（動植物その他通常物品といわないものの貸付業を含む。）のうち次に掲げるもの以外のもの

　　イ　（略）

　　ロ　特定法人が農業若しくは林業を営む者、地方公共団体又は農業協同組合、森林組合その他農業若しくは林業を営む者の組織する団体（以下この号及び第十号ハにおいて「農業者団体等」という。）に対し農業者団体等の行う農業又は林業の目的に供される土地の造成及び改良並びに耕うん整地その他の農作業のために行う物品貸付業

　五　不動産貸付業のうち次に掲げるもの以外のもの

　　イ　特定法人が行う不動産貸付業

（中略）

　十　請負業（事務処理の委託を受ける業を含む。）のうち次に掲げるもの以外のもの

　　イ、ロ　（略）

　　ハ　特定法人が農業者団体等に対し農業者団体等の行う農業又は林業の目的に供される土地の造成及び改良並びに耕うん整地その他の農作業のために行う請負業

（以下略）

　なお、税務上は、地方公共団体の議決権は「半数以上」あれば農作業受託による請負業等が非課税となりますが、市町村の議決権を過半とすることで、かつては農地制度上、農地利用集積円滑化団体（農地中間管理事業の5年後見直しで廃止）となった場合に農地所有者代理事業だけでなく農地売買等事業を行うことができました。

(2) 非営利型法人とは

　非営利型法人には、「非営利性が徹底された法人」と「共益的活動を目的とする法人」とがあります。

一般社団法人の区分と税務上の取扱い

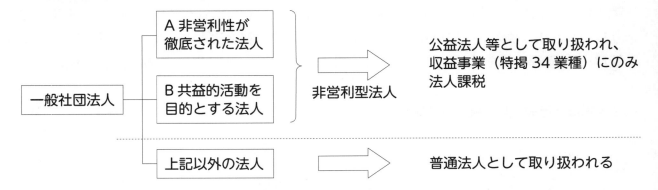

A．非営利性が徹底された法人

定義：その行う事業により利益を得ること又はその得た利益を分配することを目的としない
　　　法人であって、その事業を運営するための組織が適正であるもの

条件：次のすべての要件を満たすもの

　①剰余金の分配を行わない旨の定めが定款にあること

　②解散時の残余財産を国・地方公共団体・公益法人に帰属させる旨の定めが定款にあること

　③剰余金の分配など定款の定めに反する行為を行ったことがないこと

　④理事及びその理事の親族等である理事の合計数が理事の総数の3分の1以下であること

B．共益的活動を目的とする法人

定義：その会員から受け入れる会費により会員に共通する利益を図るための事業を行う法人
　　　であってその事業を運営するための組織が適正であるもの

条件：次のすべての要件を満たすもの

　①会員相互の支援、交流、連絡その他の会員に共通する利益を図る活動を行うことをその
　　主たる目的としていること

　②会員が会費として負担すべき金銭の額の定め又は当該金銭の額を社員総会（評議員会）
　　の決議により定める旨の定めが定款にあること

　③特定の個人又は団体に剰余金の分配を受ける権利を与える旨及び残余財産を特定の個人
　　又は団体（国・地方公共団体等を除く。）に帰属させる旨の定めが定款にないこと

　④理事及びその理事の親族等である理事の合計数が理事の総数の3分の1以下であること

　⑤主たる事業として収益事業を行っていないこと

　⑥特定の個人又は団体に特別の利益を与えないこと

　農村RMOの法人については、上記のうち、「非営利性が徹底された法人」の類型に該当するよう組織設計することができます。その場合、非営利型法人として非収益事業には課税されないことになります。

収益事業の範囲

	業種	詳細	除外事業
1	物品販売業		（注１）
2	不動産販売業		特定法人（注２）の行う不動産販売業
3	金銭貸付業		
4	物品貸付業		特定法人が農業者団体等（農林業者・地方公共団体・農協等の団体）に対し農業者団体等の行う農林業の目的に供される土地の造成及び改良並びに耕うん整地その他の農作業のために行う物品貸付業
5	不動産貸付業		特定法人が行う不動産貸付業
6	製造業		
7	通信業		
8	運送業		
9	倉庫業		
10	請負業	事務処理の委託を受ける業を含む。	特定法人が農業者団体等に対し農業者団体等の行う農業又は林業の目的に供される土地の造成及び改良並びに耕うん整地その他の農作業のために行う請負業
11	印刷業		
12	出版業		
13	写真業		
14	席貸業		
15	旅館業		
16	料理店業その他の飲食店業		
17	周旋業		
18	代理業		
19	仲立業		
20	問屋業		
21	鉱業		
22	土石採取業		
23	浴場業		
24	理容業		
25	美容業		
26	興行業		
27	遊技所業		
28	遊覧所業		
29	医療保険業		
30	技芸教授業		
31	駐車場業		
32	信用保証業		
33	無体財産権の提供等を行う事業		
34	労働者派遣業		

（注１）　物品販売業には、公益法人等が自己の栽培等により取得した農産物等をそのまま又は加工を加えた上で直接不特定又は多数の者に販売する行為が含まれるが、当該農産物等（出荷のために最小限必要とされる簡易な加工を加えたものを含む。）を特定の集荷業者等に売り渡すだけの行為は、これに該当しない（法人税基本通達　15－1－9）。

（注２）　特定法人とは、その社員総会における議決権の総数の二分の一以上の数が当該地方公共団体により保有されている公益社団法人又は法別表第二に掲げる一般社団法人で、その業務が地方公共団体の管理の下に運営されているものをいう（法人税法施行令第５条第２号）。

(3) 非営利性が否認された場合の取扱い

　構成員に金品を配ったり、実際には作業に従事していない構成員に給与を支払ったりすると非営利性が否認されることがあります。この場合、非営利型法人ではない一般社団法人、すなわち普通法人として全所得課税となり、非課税としていた留保利益にも遡及して課税されることになりますので注意が必要です。

2）一般社団法人における消費税の取扱い

(1) 一般社団法人における消費税の概要

　非営利型法人の一般社団法人は公益法人等に該当するため、交付金は特定収入として特定収入に係る仕入税額控除の特例（消費税法第60条第4項）の適用を受けます。このため、一般課税の課税事業者となった場合は、複雑な納税額計算と農業経営を営む法人よりも重い税負担が生ずることになります。ただし、基準期間における課税売上高が1千万円を超えても5千万円以下であれば、簡易課税制度を選択でき、簡便な計算で申告できます。簡易課税制度を選択するには、あらかじめ「簡易課税制度選択届出書」を提出する必要があります。

　一般社団法人が農業経営を行って農産物を販売したり農作業を受託したりした場合には、消費税の課税売上げとなるため、消費税の申告納税が必要になります。ただし、基準期間における課税売上高が1千万円以下であれば消費税の免税事業者となります。

　なお、地域集積協力金など国や地方公共団体からの交付金は、消費税不課税となります。

(2) 特定収入がある場合の仕入控除税額の調整

　消費税の納税額は、その課税期間中の課税売上げ等に係る消費税額からその課税期間中の課税仕入れ等に係る消費税額（仕入控除税額）を控除して計算します。しかしながら、公益法人等の仕入控除税額の計算においては、一般の事業者とは異なり、補助金、会費、寄附金等の対価性のない収入を「特定収入」として、これにより賄われる課税仕入れ等の消費税額を仕入控除税額から控除する調整が必要です。

　具体的には、公益法人等が簡易課税制度を適用せず、一般課税により仕入控除税額を計算する場合で、特定収入割合（注）が5％を超えるときは、通常の計算方法によって算出した仕入控除税額から一定の方法によって計算した特定収入に係る課税仕入れ等の消費税額を控除した残額をその課税期間の仕入控除税額とする調整が必要です。

(注)　特定収入割合は、その課税期間中の特定収入の合計額をその課税期間中の税抜課税売上高、免税売上高、非課税売上高、国外売上高及び特定収入の合計額の総合計額で除して計算します。

［計算式］

$$\text{特定収入割合} = \frac{\text{特定収入の合計額}}{\text{課税売上高（税抜き）＋免税売上高＋非課税売上高＋国外売上高＋特定収入の合計額}}$$

消費税法　第60条（国、地方公共団体等に対する特例）

1〜3　（略）

4　国若しくは地方公共団体（特別会計を設けて事業を行う場合に限る。）、別表第三に掲げる法人又は人格のない社団等（第九条第一項本文の規定により消費税を納める義務が免除される者を除く。）が課税仕入れを行い、又は課税貨物を保税地域から引き取る場合において、当該課税仕入れの日又は課税貨物の保税地域からの引取りの日（当該課税貨物につき特例申告書を提出した場合には、当該特例申告書を提出した日又は特例申告に関する決定の通知を受けた日）の属する課税期間において資産の譲渡等の対価以外の収入（政令で定める収入を除く。以下この項において「特定収入」という。）があり、かつ、当該特定収入の合計額が当該課税期間における資産の譲渡等の対価の額（第二十八条第一項に規定する対価の額をいう。）の合計額に当該特定収入の合計額を加算した金額に比し僅少でない場合として政令で定める場合に該当するときは、第三十七条の規定の適用を受ける場合を除き、当該課税期間の課税標準額に対する消費税額（第四十五条第一項第二号に掲げる課税標準額に対する消費税額をいう。次項及び第六項において同じ。）から控除することができる課税仕入れ等の税額（第三十条第二項に規定する課税仕入れ等の税額をいう。以下この項及び次項において同じ。）の合計額は、第三十条から第三十六条までの規定にかかわらず、これらの規定により計算した場合における当該課税仕入れ等の税額の合計額から特定収入に係る課税仕入れ等の税額として政令で定めるところにより計算した金額を控除した残額に相当する金額とする。この場合において、当該金額は、当該課税期間における第三十二条第一項第一号に規定する仕入れに係る消費税額とみなす。

消費税法　別表第三（第3条、第60条関係）

一　次の表に掲げる法人（抄）

名称	根拠法
一般財団法人	一般社団法人及び一般財団法人に関する法律（平成十八年法律第四十八号）
一般社団法人	

（以下略）

第5章

一般社団法人による
農村RMO

1 農村RMOとは

　農村型地域運営組織（農村RMO：Region Management Organization）とは、複数の集落の機能を補完して、農用地保全活動や農業を核とした経済活動と併せて、生活支援等地域コミュニティの維持に資する取組を行う組織のことです。

　地域運営組織の組織形態としては、協議機能と実行機能を同一の組織が合わせ持つもの（一体型）や協議機能を持つ組織（協議組織）から実行機能を切り離して別組織（実行組織）を形成しつつ、相互に連携しているもの（分離型）など、地域の実情に応じてさまざまなものがあります。今後、地域運営組織は、組織の発展に伴って分離型に移行し、母体となる協議組織から、熟度の高い実行組織を切り出していくことが考えられます。

分離型のイメージ

（出典：総務省ホームページ）

　農村RMOが展開する活動は多種多様であり、分離型による実行組織として、法人格を持たない任意団体（自治会・町内会、自治会等の連合組織など）をはじめ、ＮＰＯ法人、認可地縁団体、一般社団法人、株式会社、合同会社など多様な法人制度を活用して展開されています。これら法人制度の一つとして、一般社団法人制度を活用した実行組織による農村RMOの推進が期待されます。

　また、農村RMOは、中山間直払いや多面的機能支払いの組織などの農用地の保全活動を行う組織を中心に、地域の多様な主体を巻き込みながら、地域資源を活用した農業振興等による経済活動を展開し、さらに農山漁村の生活支援に至る取組を手がける組織へと発展させていくことが重要です。

農村RMOの事業領域と発展過程

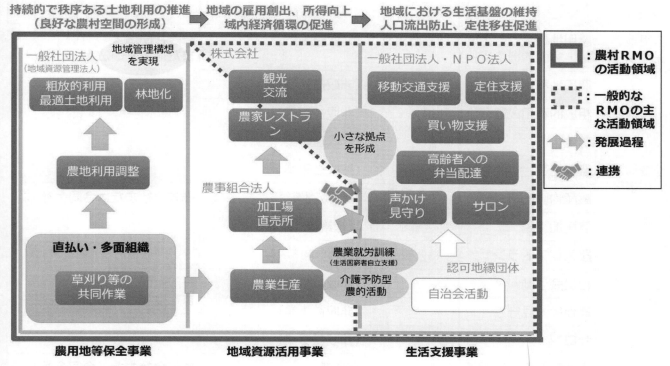

（出典：農林水産省資料）

　一般社団法人は、農村RMOの実行組織として位置づけることができます。一般社団法人の具体的な事業領域として、一般社団法人自体が多面的機能支払制度の活動組織になれるほか、中山間地域直接支払制度の集落協定に参加することで協定参加者として個人配分を受け取って活動の原資に活用できます。さらにこれらの農用地保全活動に加えて、一般社団法人は、集落営農法人として農業生産を行うことができます。これら農用地保全活動や農業については、非収益事業となるため、非営利型法人の一般社団法人では法人税の申告義務がなく、法人でありながら運営に係る事務負担が少ないのが特徴です。

　また、一般社団法人は、任意組織と異なり、法人自体の名義で預金口座の開設や不動産などの財産の登記・登録が可能です。一般社団法人が、このような特性を生かして、地域づくり協議会など任意組織の協議組織を財産管理の面で補完できます。一方、農産加工や農産物直売所、農家レストランなどの事業は、非営利型法人の一般社団法人など法人税法上の公益法人等であっても収益事業として法人税が課税されますので、株式会社などの営利法人として運営する方が適しています。また、労働者派遣事業に取り組む場合には、「特定地域づくり事業協同組合」を設立して、これと連携する取組が必要となります。

農村RMOの事業領域と実行組織の法人形態

事業領域	活動	法人税法上の取扱い	適応する法人形態
農用地等 保全事業	農用地保全（中山間地域等直接支払・多面的機能支払）	（非収益事業）	一般社団法人 またはNPO法人
	農用地利用調整	（非収益事業）	
	粗放的利用・最適土地利用	（非収益事業）	
	林地化	（非収益事業）	
地域資源 活用事業	農業生産	（非収益事業）	
	農産物直売所	物品販売業	株式会社または合同会社
	農産加工場	製造業	
	農家レストラン	飲食店業	
生活支援 事業	自治会活動	（非収益事業）	一般社団法人 または認可地縁団体
	声かけ・見守り	（非収益事業）	
	サロン	（非収益事業）	
	高齢者への弁当配達	運送業	株式会社または合同会社
	買い物支援	運送業	
	移動交通支援	運送業	

実行組織の法人形態による法人税課税及び適応事業

課税上の法人の種類		公益法人等	普通法人	協同組合等
法人形態	推奨形態	一般社団法人 （非営利型法人）	株式会社	特定地域づくり事業 協同組合（注）
	その他	NPO法人 認可地縁団体	合同会社	
適応する事業		非収益事業 （農業など）	収益事業（物品販売業・製造業・運送業・請負業[特定法人を除く]・飲食店業など）	労働者派遣事業

（注）人口急減地域において、中小企業等協同組合法に基づく事業協同組合が、特定地域づくり事業を行う場合について、都道府県知事が一定の要件を満たすものとして認定したときは、労働者派遣事業（無期雇用職員に限る。）を許可ではなく届出で実施することを可能とするとともに、組合運営費について財政支援を受けることができるようにする制度

　農村RMOの実行組織になり得る非営利法人には、一般社団法人のほか、NPO法人や認可地縁団体などがありますが、一般社団法人は、目的について法律上の制限がないため、NPO法人や認可地縁団体と比べて、幅広い活動を行うことができます。認可地縁団体は、土地、集会施設等の不動産を団体名義で登記できますが、不動産の登記であれば一般社団法人など他の法人であっても可能です。

　また、構成員の資格について、一般社団法人の場合に法律上の制限はありませんので、地域的な

限定を設けることに問題はありませんが、ＮＰＯ法人の場合には、その活動が不特定かつ多数のものの利益の増進に寄与することを目的とするのであることから、対象地域が最小行政区以下の範囲であっても、そこが社会と認められる範囲であれば認証できるものの、メンバーや活動内容から明らかに地縁団体、共益的団体と判断される場合には、法の趣旨には合致しないとされています。

　さらに設立手続きについても、都道府県知事による認証が必要なＮＰＯ法人や市町村長による認可が必要な認可地縁団体と比べて、株式会社と同様、定款認証と登記だけで設立できる一般社団法人が最も簡便です。

非営利法人制度の比較

	一般社団法人	ＮＰＯ法人 （特定非営利活動法人）	認可地縁団体
目的	法律上の制限なし。	特定非営利活動（２０種類の活動分野を限定列挙）を主たる目的としなければならない。	地域的な共同活動のための不動産又は不動産に関する権利等を保有するため。
社員（構成員）資格	法律上の制限なし。	「社員の資格の得喪に関して、不当な条件を付さないこと」とされる。	その区域に住所を有するすべての個人は、構成員となることができるものとし、その相当数の者が現に構成員となっていること。
設立手続き	公証人による定款認証の後、登記（準則主義）する。	所轄庁（原則として都道府県知事）の認証の後、登記（認証主義）する。	市町村長による認可の告示（法人登記に代替）による。

2　農村ＲＭＯと一般社団法人

　中山間地域等を中心に、農林地等の地域資源の保全管理がより適切に行われるよう、農村ＲＭＯ化に向けて集落機能の強化を後押しするための施策を検討すべきではないかといった点が指摘されています。この点、集落機能の強化を後押しする施策として、農村ＲＭＯの法人化が重要です。農村ＲＭＯについて、任意組織で事業を取り組む場合、銀行からの借り入れを代表者個人名義で行う必要があるなどの課題があります。

　農村ＲＭＯの法人化については、地域代表制の付与の観点から、新たな法人制度の創設を求める声がありますが、一般社団法人など既存の法人制度でもある程度対応が可能です。具体的には、一定の要件を満たす一般社団法人を市町村が指定して地域代表制を認め、これに地方自治の業務の一部を委託して予算を交付する仕組みが考えられます。一般社団法人等を指定して事業実施主体として位置付ける制度としては、農地中間管理機構や農業委員会ネットワーク機構などの先例があります。

　また、集落の農作業の共同化や農地の保全管理等に取り組んでいる集落営農が事業の多角化を図る場合に、それを支援するための施策を検討すべきではないかといった指摘もあります。集落営農のＲＭＯ化については、政策の谷間で、制度や施策が不十分な可能性が指摘されています。農事組合法人が、農業に関連しない事業を行おうとする場合、組織変更が必要となりますが、ＲＭＯ化を目指す集落営農については、農事組合法人から一般社団法人に組織変更して営農を継続・強化する方策が求められます。

第6章

一般社団法人による農業経営

1　一般社団法人による特定農業法人と経営所得安定対策

　一般社団法人は、農用地利用改善団体が作成する特定農用地利用規程に位置付けることで、特定農業法人になることができます。特定農業法人になることで、一般社団法人が畑作物の直接支払交付金及び収入減少影響緩和交付金の交付対象となります。この場合、特定農用地利用規程認定書の写し及び当該特定農用地利用規程の写しによって交付対象者の確認を行います。

　畑作物の直接支払交付金及び収入減少影響緩和交付金は、認定農業者、集落営農、認定新規就農者を交付対象者としていますが、この場合の「認定農業者」は、「基盤強化法第 12 条第 1 項に規定する農業経営改善計画の認定を受けた者又は特定農業法人のこと」（経営所得安定対策等実施要綱　Ⅳ 各種交付金の手続等）を指します。

2　特定農業法人とは

　特定農業法人とは、農業経営基盤強化促進法に基づき、地域の農地の過半を農作業受託や借入れなどにより集積する相手方として、地域の地権者の合意を得た法人をいいます。

　以前は、特定農業法人になれるのは、農業生産法人（現行制度の農地所有適格法人）に限られていましたが、現行制度では農業経営を営む法人であれば良く、一般社団法人も農地を借りて農業経営を営むことができますので、特定農業法人になることができます。

　なお、特定農業法人に対しては、かつて税制上の特例措置として農用地利用集積準備金制度が講じられていましたが、平成 19 年度税制改正によって、廃止されました。

3　一般社団法人が特定農業法人になる場合の留意点

　一般社団法人が特定農業法人になる場合は、一般社団法人とは別に、農用地利用改善団体を設立する必要があります。また、一般社団法人の構成員（社員）と農用地利用改善団体の構成員は、まったく一緒でもかまいませんので、実務上は、総会の開催などの運営を一体的に行うことが考えられます。ただし、利益相反を避けるため、一般社団法人の代表者は農用地利用改善団体の代表者を兼ねることができません。

○○地区特定農用地利用規程（案）

［一般社団法人を特定農業法人とする場合※］
　※特定農業法人（１階）で水稲、広域連携法人（２階）で転作の法人２階建て方式を想定

（目的）
第１条　この規程は、○○地区の農業の振興を図るため、農用地の有効利用と農業経営の改善
　　を促進することを目的とする。

（農用地の効率的かつ総合的な利用を図るための措置に関する基本的な事項）
第２条　この組合は、地区の農業が抱える担い手の高齢化や後継者不足、これに伴う遊休農地
　　の発生や面的な農用地の利用集積の遅れ等の課題に対応し、農用地の効率的かつ総合的な利
　　用を図り、生産性の高い農業構造を実現するため、組合員相互の理解と信頼に基づく協力関
　　係を深めつつ、次に定める取組を進めるものとする。
　（１）土地条件、土壌条件等を考慮し、かつ組合員の自主性を尊重しながら、主要作物の作
　　　付地の集団化及び栽培管理の改善の推進に努めるものとする。
　（２）地区内の農作業における役割分担について明確化することにより、農作業の効率化に
　　　努めるものとする。
　（３）地域農業の担い手である特定農業法人に対する農用地の利用の集積及び農地の集団化
　　　を推進するとともに、地区内の農用地の耕作放棄、荒し作りの防止（又は解消）を推進す
　　　ることにより、農用地の利用関係の改善に努めるものとする。

（実施区域）
第３条　実施区域は、○○町○○地区の区域とする。
「別添図面参照」

（作付地の集団化の促進）
第４条　水田については、極力連担して転作田の団地化を促進するものとする。転作団地にお
　　いては、○○（広域連携法人）を中心に極力集団化して作付するものとする。

（作付地の集団化の実行方策）
第５条　前条の具体的実施については、毎年、組合の運営委員会が予め組合員の作付の意向を
　　取りまとめ、これを検討、調整した上、作付地集団化計画を作成するものとする。
２　組合員は、作付地の集団化に極力協力するものとする。

（栽培管理の改善の促進）
第６条　農業生産のコスト削減、農産物の品質向上、減農薬・減化学肥料による安全・安心な

作物の栽培等による農業経営の改善のため、作物の栽培管理の改善の促進に努めるものとする。

（栽培管理の改善の実行方策）

第7条　作物の栽培管理に当たっては、組合が定める栽培方針に沿って、的確な栽培管理に努めるものとする。

（農作業の効率化の推進）

第8条　組合員は、地区における農作業の実施体制の中で、各々の特性や体力に応じて、必要な役割を担い、組合員全員で地域農業に参画するものとする。

2　組合員は、過剰投資を避けつつ、農作業の効率化を推進するため、農作業の受委託を計画的に進めるものとする。

（農作業の効率化の実行方策）

第9条　農作業の効率化は、次により進めるものとする。

（1）地区内の農作業における役割分担

ア　特定農業法人の構成員のうち、大型機械等による水稲、麦、大豆に係る基幹的な作業は主たる従事者が担い、規模拡大の支障となる日常的な畦畔管理、防除などの作業は主たる従事者以外の構成員が担うものとする。

イ　地区内における農道、農業用排水路の管理作業については、特定農業法人の全構成員が共同して取り組むものとする。

（2）農作業の受委託の推進

ア　水稲の収穫の作業については、○○（広域連携法人）への農作業受委託を推進して、効率的な農作業の実施を図るものとする。

イ　農作業の委託を希望する者は組合に申し出て、組合のあっせんにより委託するものとする。

（3）農作業の共同化の推進

ア　水稲の防除の作業については、特定農業法人を中心に共同作業を行って効率的な農作業の実施を図るものとする。

イ　共同作業については特定農業法人の指示に協力するものとする。

（農用地の利用関係の改善）

第10条　地区内においては、農用地の耕作放棄、荒し作りの現況及び地区内の農用地につき所有権その他の使用及び収益を目的とする権利を有する者の意向等からみて、遊休農地及び遊休農地となるおそれがある農地の増加が懸念されることを踏まえ、次条に定める特定農業法人が、地区内の農用地について有効利用を図るため、第12条に定める目標に向けて農用地の利用集積を行うものとする。

2　地区内の農用地につき所有権その他の使用及び収益を目的とする権利を有する者が、労働力不足等により、自ら耕作を行うことが困難な場合には、当該農用地の利用権の設定等又は農作業の委託について組合に申し出るものとする。

3　組合は、地区内において、農用地の耕作を放棄している者や荒し作りをしている者等に対し、特定農業法人に利用権の設定等又は農作業の委託をするよう勧奨することができる。

4　地域計画が定められている区域においては、農業を担う者ごとに利用する農用地等を定め、これを地図に表示することとされていることから、第1項から第3項により特定農業法人に農用地の利用集積（農作業の委託については基幹三作業以上の受託に限る。）を行うに当たっては、市町村又は農業委員会にその旨を申し出ることとし、特定農業法人が地図に位置付けられるようにするものとする。

5　第2項の申出は、特定農業法人の農作業の支障とならないよう、適切な時期までに行うものとする。

（特定農業法人の名称及び住所）
第11条　本規程に定める特定農業法人は、次のとおりとする。
　（1）名称　一般社団法人○○（代表者○○○○○）
　（2）住所　○○郡○○市○○番地

（利用集積の目標面積）
第12条　特定農業法人への農用地の利用集積の目標（総集積目標面積）と利用権の設定等又は農作業の受託をすることとする農用地の面積（集積目標面積）は、それぞれ次の（1）と（3）のとおりとし、特定農業法人の現在の集積面積は、次の（2）のとおりである。

	（内訳）	経営面積	作業受託面積
（1）総集積目標面積	○○ha	○○ha	○○ha
（2）現況集積面積	○○ha	○○ha	○○ha
（3）集積目標面積（（1）－（2））	○○ha	○○ha	○○ha

第13条　水田の用排水管理は、土地改良区が定める水利用計画に従い計画的に行うものとする。

2　農道・用排水路の維持管理は関係機関と協議の上、相協力して実施するものとする。

（地力の増進と堆きゅう肥・副産物の有効利用）
第14条　地力の増進と堆きゅう肥・副産物の有効利用を図るため、堆きゅう肥の施用に努めるとともに、稲・麦ワラ、野菜残さ等は家畜飼料、堆肥材料等として、その有効利用を図るものとする。

2　堆きゅう肥、稲・麦ワラが必要な農家又は家畜の糞尿処理を必要とする農家若しくは稲・麦ワラ等の余剰のある農家は組合に申し出るものとし、組合は交換等のあっせんに努めるも

のとする。

（生活環境の改善等）

第15条　住みよい村づくりのため、地区の生活環境の改善に努めるものとする。

2　女性の労働負担の軽減を図るとともに、男女共同参画の促進のため、女性のグループ活動
　の推進に努めるものとする。

3　実施区域内の農用地の整備等を図るため、基盤整備事業等の推進に努めるものとする。

（細則）

第16条　この規程を実施するために必要な細則は、組合が別に定める。

（附則）

この規程は、市町村の認定があった日から施行する。

○○組合（○○地区農用地利用改善団体）規約

（目的）
第1条　この組合は、○○地区の農業の振興と農業経営の改善を図ることを目的とする。

（名称）
第2条　この組合は、「○○組合」とする。

（地区）
第3条　この組合の地区は、○○○町○○の区域とする。

（組合の事務所）
第4条　この組合の事務所は、○○○町○○××番地に置く。

（事業）
第5条　この組合は、第1条の目的を達成するため次の事業を行う。
　（1）農用地利用改善事業の実施に関すること。
　（2）組合員の事業に必要な共同利用施設の設置に関すること。
　（3）その他第1の目的達成に必要な事業に関すること。

（組合員の資格）
第6条　この組合の組合員の資格を有する者は、○○地区内の農用地につき所有権又はその他の使用収益権を有する者及び組合の事業施設を利用することが相当と認められる者（又は○○地区に住所を有する農業者）とする。

（組合への加入脱退）
第7条　この組合への加入脱退は、組合員の自由意志で決定し、組合長に届け出ることにより効力を生ずる。

（組合の役員）
第8条　この組合の業務を円滑に運営するため、次の役員を置く。
　（1）組合長1名
　（2）副組合長1名
　（3）会計、書記1名
　（4）監事1名
2　組合長は、この組合を代表し、会務を処理する。
3　副組合長は、組合長を補佐し、組合長に事故あるときは、その職務を代理する。

4　監事は、会計会務の執行を監査する。

（役員の選出）
第9条 役員の選出は、総会における組合員の互選による。

（役員の任期）
第10条 役員の任期は2年とし、再任を妨げない。ただし、補欠により選任された役員の任期
　　は、前任者の残任期間とする。

（総会）
第11条 総会は、毎年1回開催する。組合員の3分の2以上の請求があったときは、臨時総会
　　を開催することができる。

（総会の議決事項）
第12条 次の事項は、総会の議決を経るものとする。
　　（1）規約の変更
　　（2）解散
　　（3）農用地利用規程の作成及び変更（期間延長を含む）
　　（4）事業計画及び収支予算の決定又は変更
　　（5）事業報告及び収支予算の承認

（総会の議決方法）
第13条 総会は、組合員総数の○分の1以上に当たる者が出席して開くものとする。
2 組合員は、総会において、各1個の議決権を有する。
3 総会議事は、出席者の議決権の過半数で決する。

（運営委員会）
第14条 この組合の業務を円滑に運営するため、運営委員会を置く。
2 運営委員会に関する必要な事項は、組合長が別に定める。

（経費）
第15条 この組合の運営に関する経費は、会費等を持ってあてる。

（会計年度）
第16条 この組合の運営及び会計年度は、毎年○○月○○日から翌年○○月○○日とする。

（その他）
第17 その他組合の運営に必要な事項は、別に定める。

（附則）
この規約は、令和○○年○○月○○日から施行する。

第7章

一般社団法人による
農用地利用調整

　ブロックローテーションを実施している地域において、水田転作の担い手と水稲の担い手が異なる場合、これまで、水田転作の担い手が特定作業受託によって水稲の担い手から転作田の耕作を受託するのが一般的でした。

　「特定作業受託」とは、主な基幹作業（※）を受託し、収穫物についての販売名義を有し、販売収入の処分権を有している場合の当該作業受託をいいます。いわば、特定作業受託は、農作業受託と農産物販売受託の混合契約です。このため、特定作業受託の農地に係る農産物の販売収入は委託者に帰属し、受託者は農作業受託料を受け取ることになります。ただし、実際には、販売収入を受領するのは受託者ですので、販売収入から農作業受託料を差し引いた残額を委託者に支払います。

（※）水稲にあっては耕起・代かき、田植え、収穫・脱穀、麦及び大豆にあっては耕起・整地、播種、収穫、その他の作目にあってはこれらに準ずる農作業をいう。

1）軽減税率実施前
軽減税率実施前の特定作業受託と消費税の課税関係

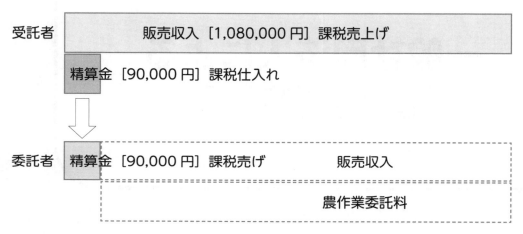

＜受託者＞
課税売上げ（税込み）⇒販売収入　：1,080,000円（売上税額［8％］80,000円）
課税仕入れ（税込み）⇒精算金　　：　90,000円（仕入税額［8％］6,666円）
＜委託者＞
課税売上げ（税込み）⇒精算金　　：　90,000円（売上税額［8％］6,666円）

　軽減税率制度の実施前において、特定作業受託では、税務上、受託販売した農産物の販売金額を受託者の課税売上げとすることができましたので、会計上も自作地や借入地など他の農地で生産した農産物の販売金額と受託販売した農産物の販売金額を区分しないで、まとめて売上高に計上してきました。これは、消費税法基本通達10－1－12（委託販売等に係る手数料）により、受託販売の受託者については、委託された商品の譲渡等に伴い収受した又は収受すべき金額を課税売上げの金額とし、委託者に支払う金額を課税仕入れの金額としても差し支えないものとされているからです。

消費税法基本通達 10－1－12（委託販売等に係る手数料）

> 委託販売その他業務代行等（以下10－1－12において「委託販売等」という。）に係る資産の譲渡等を行った場合の取り扱いは、次による。（平23課消1－35により改正）
>
> （1）（略）
>
> （2） 委託販売等に係る受託者については、委託者から受ける委託販売手数料が役務の提供の対価となる。
>
> なお、委託者から課税資産の譲渡等のみを行うことを委託されている場合の委託販売等に係る受託者については、委託された商品の譲渡等に伴い収受した又は収受すべき金額を課税資産の譲渡等の金額とし、委託者に支払う金額を課税仕入れに係る金額としても差し支えないものとする。

2）軽減税率実施後

軽減税率実施後の特定作業受託と消費税の課税関係

＜受託者＞
課税売上げ（税込み）⇒農作業受託料： 990,000円（売上税額［10％］90,000円）
＜委託者＞
課税売上げ（税込み）⇒販売収入 ：1,080,000円（売上税額［8％］80,000円）
課税仕入れ（税込み）⇒農作業委託料： 990,000円（仕入税額［10％］90,000円）

差引納税額　　　　　　　　　　　　　　　　　△10,000円（還付）

　しかしながら、「消費税の軽減税率制度に関する取扱通達」によって、特定作業受託の受託者は、委託者から受ける作業受託料を役務の提供の対価として課税売上げとしなければならなくなりました。
　一方、特定作業受託の委託者は、販売収入を課税売上げとしなければならなくなりました。しかしながら、消費税インボイス制度開始前の段階では、仮に委託者の販売収入について申告漏れを指摘されたとしても、農産物の販売収入を課税売上げとして認定される一方で、農作業受託料が課税仕入れとしてその10／110相当額を仕入税額控除が認められる可能性があるため、納税負担は大きくならず、場合によっては還付になります。

消費税の軽減税率制度に関する取扱通達 16（軽減対象資産の譲渡等に係る委託販売手数料）

　委託販売その他業務代行等（以下「委託販売等」という。）において、受託者が行う委託販売手数料等を対価とする役務の提供は、当該委託販売等に係る課税資産の譲渡が軽減税率の適用対象となる場合であっても、標準税率の適用対象となることに留意する。

　なお、当該委託販売等に係る課税資産の譲渡が軽減税率の適用対象となる場合には、適用税率ごとに区分して、委託者及び受託者の課税資産の譲渡等の対価の額及び課税仕入れに係る支払対価の額の計算を行うこととなるから、消費税法基本通達 10 − 1 − 12（1）及び（2）なお書きによる取扱いの適用はない。

3）インボイス制度開始後

インボイス制度経過措置終了後の特定作業受託と消費税の課税関係（インボイス無し）

＜受託者＞
課税売上げ（税込み）⇒農作業受託料：　990,000 円（売上税額［10％］90,000 円）
＜委託者＞
課税売上げ（税込み）⇒販売収入　　　：1,080,000 円（売上税額［ 8 ％］80,000 円）
課税仕入れ（税込み）⇒農作業委託料：　990,000 円（仕入税額控除不可）

差引納税額　　　　　　　　　　　　　　　　　　　　80,000 円（納税）

　ところが、インボイス制度開始後は、農産物の販売収入を課税売上げとして認定されるだけで、農作業受託料についてはインボイスの交付がなければ仕入税額控除が認めらませんので、納税負担が大きくなります。

　インボイス制度開始後も特定作業受託を継続する場合、受託者は、次ページのような農産物販売精算書（農地バンクを通さない場合、宛名は農地バンクでなく委託者）を作成して農産物の販売金額等を委託者に通知する必要があり、受託者の事務負担が増加します。

農産物販売精算書（兼農作業受託料請求書）

（委託者）
〇〇県農地中間管理機構　御中

令和×年×月×日

（受託者）

〇〇県〇〇市〇〇××番地
〇〇　〇〇
登録番号　TX-XXXX-XXXX-XXXX

　貴機構から作業受託した農地ついての農産物の販売収入を下記①のとおり通知します。
合わせて当該農地に係る作業受託料等を下記②の通り請求します。
なお、販売収入から作業受託料等を差し引いた金額をお支払いします。

記

栽培作目	水稲				
	面積(a)	販売収入① （8％対象）	作業受託料等② （10％対象）		支払額（①－②）
栽培総計	5,000	60,000,000			
10a当たり単価（税込み）		120,000	110,000		10,000
委託者からの受託分	90	1,080,000	990,000		90,000
うち消費税		80,000	90,000	※	
うち本体金額		1,000,000	900,000		

※仕入税額控除の対象

2　法人2階建て方式と連名による権利設定による対応

1）法人2階建て方式への対応

　法人2階建て方式では、ブロックローテーションによって、2階の広域連携法人が麦・大豆・子実用トウモロコシなどを担当、1階の集落営農法人が水稲を担当します。この場合、ブロックローテーションの対象農地について、農地バンクが2階の広域連携法人と1階の集落営農法人が連名による権利設定をすることにより、手続きを改めて行うことなく、ローテーションを行うことが可能です。この場合の1階の集落営農法人は、農事組合法人と一般社団法人のいずれでも対応可能です。

　法人2階建て方式では、複数の法人の管理が必要で、事務負担が増加することから、2階の法人が1階の法人の経理を受託するなど、事務管理の合理化に取り組む必要があります。

　なお、広域連携法人に代わって、2階にＪＡ直営による農業経営やＪＡ出資農業法人を位置付ける方法もあります。

法人2階建て方式とは

　集落営農法人（1階）が出資して農地所有適格法人の広域連携法人を設立し、2階に転作作物を中心とした農業経営を集約する一方で、1階が地域資源管理と自家飯米の生産を担う形で役割分担する方式です。農地バンクが借り受けた農地をブロックローテーションに応じて、転作作物等の圃場は2階の法人に、自家飯米等の圃場は1階の法人に貸し付けます。1階の法人は非営利型法人の一般社団法人（地域資源管理法人、注）とするほか、農作業受託

を行う場合は農事組合法人とする方法もあります。

（注）農用地利用調整を行う一般社団法人で多面的機能支払や中山間地域等直接支払など日本型直接支払の受け皿組織となるもの。

　1階の法人が適格請求書発行事業者となる（簡易課税を選択する）ことで、2階の法人が農作業を1階の法人に委託し、農作業委託料に係るンボイスを2階の法人に交付することで、2階の法人で仕入税額控除が可能になり、2階の法人では、従来通り、消費税の還付を受けられるので、これを1階の法人に配当金などで還元できます。

法人2階建て方式

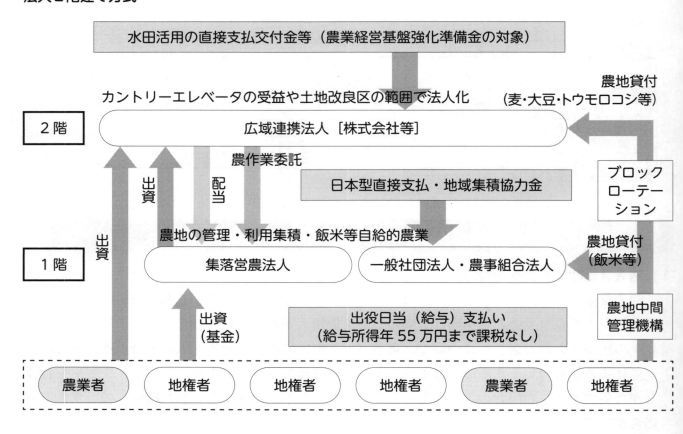

２）連名による権利設定とは

　「連名による権利設定」とは、農地バンクが受け手に農地を貸し付ける際の農用地利用配分計画または農用地利用集積等促進計画において「権利の設定を受ける者」を複数の受け手の氏名・名称を連名で記載して権利設定することをいいます。

　農林水産省では、「令和２年度の農地バンク事業を加速化させるための改善方針」において、「特に、ブロックローテーションについては、対象農地について、連名による権利設定をすることにより、手続きを改めて行うことなく、ローテーションを行うことが可能であり、こうした手法も活用する。」（「改正農地中間管理事業法を踏まえた農地の利用集積・集約化の加速に向けた取組の更なる強化について」令和２年７月27日付け、農林水産省経営局長通知）としています。

　また、令和４年度において水田活用の直接支払交付金の交付対象水田の見直しが行われ、転換作物が固定化している水田は畑地化を促すとともに、水田機能を有する農地において転換作物の生産を行う場合は、水稲と転換作物とのブロックローテーション体系の再構築を促すため、今後５年間（令和４年〜令和８年）に一度も水張りが行われていない農地は交付対象水田としない方針となりました。このため、ブロックローテーションの促進に向け、連名による権利設定の重要性が高まっています。

　連名による権利設定について、従来は一般に、農用地利用配分計画の備考欄において権利の設定を受ける者ごとの貸付期間の日付を記載する方法によっていました。ところが、ブロックローテーションの計画変更に伴って、農用地利用配分計画の再作成が必要となるなど事務負担が課題で、連名による権利設定が普及しない一因となっています。これについて、賃借権または使用貸借権の準共有を前提とした権利設定であれば、備考欄における準共有者ごとの貸付期間の記載は不要で、農用地利用配分計画でも準共有の扱いができます（注）。

（注）準共有者が個人の場合、賃借権についても相続の対象となり、相続が生じたときに権利が細分化されるなど権利関係が複雑化することが想定されるので、留意が必要です。
　　農用地利用集積等促進計画では、次頁の図のように、備考欄に「権利の設定を受ける者の賃借権の共有持分を（１）の者２分の１、（２）の者２分の１とする。」と記載したうえで、準共有者で借賃を連帯して負担する方法が考えられます。

3）連名による権利設定における借賃等の支払い

連名による権利設定による場合の借賃等の支払いは、次の方法が考えられます。

（1）設定する権利を使用貸借権として実費相当額を出し手に直接支払う方法

農地バンクに設定する権利を使用貸借権としたうえで、出し手との取り決めにより、実際に耕作した受け手が農地の固定資産税（租税公課a／c）、農地所有者負担の土地改良区賦課金や水利費（土地改良費a／c）などの実費相当額を出し手に直接、支払います。

使用貸借であっても、土地の固定資産税相当額程度の支払いであれば使用貸借の範囲として認められます。また、支払った固定資産税は、損金（法人）又は必要経費（個人）になります。

（2）設定する権利を使用貸借権として圃場管理料を出し手に直接支払う方法

農地バンクに設定する権利を使用貸借権としたうえで、出し手との取り決めにより、実際に耕作した受け手が圃場管理料を出し手に支払います。

圃場管理料として支払う場合、受け手が圃場管理を担っている実態があれば、所得税や法人税の税務上、問題になることはありません。一方、消費税では、圃場管理料は課税仕入れ、農地の借賃は非課税仕入となります。インボイス制度開始前は、圃場管理料は仕入税額控除の対

農用地利用集積等促進計画の連名による権利設定の記載イメージ

第〇 賃貸借又は使用貸借による権利の設定関係

1 各筆明細

整理番号		権利の設定を受ける者の氏名又は名称及び住所（A）				（氏名又は名称） （1）株式会社〇〇地域連携 （2）一般社団法人〇〇地区						
権利を設定する土地（B）						設定する権利（C）						
所在			地番	現況地目	面積（㎡）	権利の種類	内容	始期（年月日）	終期（年月日）	存続期間	借賃	
市町村	大字	字									10aあたり	年額
〇〇市	〇〇	〇〇	123-1	田	1,350	賃借権	水田として利用	R5.4.1	R15.3.31	10年	8,000	10,800
〇〇市	〇〇	〇〇	123-2	田	1,000	賃借権	水田として利用	R5.4.1	R15.3.31	10年	8,000	8,000

この計画に同意する。

　　権利の設定を受ける者　　　　　　　　　　　　　　　　　（1）住所（同上）
　　　　　　　　　　　　　　　　　　　　　　　　　　　　　（2）住所（同上）

象となる一方で、農地の借賃は仕入税額控除ができませんでしたが、インボイス制度開始後は免税事業者に支払う圃場管理料は仕入税額控除できなくなります。このため、経過措置終了後は、免税事業者の農地の出し手に圃場管理料を支払っても、農地の借賃と同様、仕入税額控除の対象となりません。

(3) 設定する権利を賃借権として連名の筆頭者を借賃支払い責任者とする方法

備考欄に「連名の筆頭者を借賃支払者とする。」と記載し、筆頭者がそれ以外の受け手の分も含めて、機構に借賃を支払います。借賃の分担は、連名の当事者同士の取り決めにより、筆頭者以外の受け手は、その負担すべき借地を筆頭者に支払います。

法人２階建て方式では、広域連携法人が筆頭者となります。この場合、広域連携法人が立て替えた借賃は、集落営農法人に支払う農作業委託料と相殺します。

(4) 設定する権利を賃借権として実際の耕作者が出し手に直接借賃を支払う方法

連名により権利の設定を受けた者が連帯して借賃の支払い義務を負うものの、ブロックローテーションに応じて実際の耕作者が出し手に直接、借賃を支払います。備考欄に「借賃は栽培期間に応じて権利の設定を受ける者のうち実際の耕作者がその年分の借賃を出し手に直接支払

(住所)
(1) ○○県○○市○○1234
(2) ○○県○○市○○4321

| 借賃の支払方法 | 権利の設定をする土地の農地中間管理機構以外の権原者等（D） | | | 備　考 |
	住　所	氏名又は名称	権原の種類	
口座振込	○○県○○市○○××××	○○　○○	所有権	権利の設定を受ける者の賃借権の共有持分を(1)の者2分の1、(2)の者2分の1とする。
口座振込	○○県○○市○○××××	○○　○○	所有権	

株式会社○○地域連携　　代表取締役　　○○　○○　　㊞
一般社団法人○○地区　　代表理事　　　○○　○○　　㊞

う。」と記載します。

　受け手は農地バンクに代位して出し手に弁済（代位弁済）することになりますので、代位弁済によって農地バンクに対する求償権を得ることになります。一方で、出し手は農地バンクに対する借賃の債務を負っていますので、その借賃の債務と求償権を相殺することになります。

　なお、農用地利用集積等促進計画における農作業受委託については、農作業受委託の対価の支払いについて農作業の出し手が受け手に直接支払うことを想定した様式になっています。

3　一般社団法人による農用地利用改善団体

　一般社団法人は、農用地利用規程を定めることで、法人として農用地利用改善団体になることができます。ただし、特定農業法人の一般社団法人自らが農用地利用改善団体となることはできません。

　一般社団法人が農用地利用改善団体となるには、次の4つの要件を備えることが必要です（基盤強化法第23条第1項）。

①市町村が定める基本構想に基づく基準に適合する区域を農用地利用改善事業の実施区域とすること
②その区域の農用地について権利を有する農業者等の3分の2以上の者が構成員となっていること
③政令で定める基準に従った定款を有し、かつその定款に農林水産大臣の定める事項が定められ、その内容が同大臣が定める基準に適合していること
④農用地利用改善事業の準則となる農用地利用規程を定め、市町村の認定を受けること

　一般社団法人が農用地利用改善団体となるための定款には、次の内容を定めることが必要です。

①目的
②構成員たる資格
③構成員の加入及び脱退に関する事項
④代表者に関する事項
⑤総会の議決事項
⑥総会の議決方法

また、この定款は次の要件を満たす必要があります。

①構成員の加入及び脱退について不当な制約がないこと
②代表者についてその選任手続きを明らかにしていること
③総会の議決事項について定款の変更その他の重要事項が議決事項とされていること
④総会の議決方法について構成員の参加を不当に差別していないこと

第8章

地域まるっと
中間管理方式への対応

1　地域まるっと中間管理方式における「特定作業受託」のリスク

　地域まるっと中間管理方式では、一般社団法人が農地バンクから借り受けた農地について、直接経営を行うほか、自作希望農家に耕作させています。地域まるっと中間管理方式では、これまで自作希望農家に耕作させる場合、特定作業受託による方法が基本でした。

　地域まるっと中間管理方式で運営している一般社団法人では、特定作業受委託で耕作する自作希望農家（受託者）が受け取る販売収入も一般社団法人の課税売上げになります。自作希望農家と直接経営の販売収入の合計による課税売上高が１千万円を超える場合、一般社団法人は課税事業者になりますが、課税売上高を把握するには、自作希望農家から販売収入の報告をしてもらう必要があります。基準期間（前々事業年度）の課税売上高が１千万円を超えたにもかかわらず、消費税課税事業者届出書の提出を失念し、税務署から無申告の指摘を受けた場合、消費税の申告に加えて、本税分の納税だけでなく、加算税や延滞税が課されます。インボイス制度開始後、とりわけ経過措置流業後は、計上漏れの課税売上げに係る消費税（売上税額）のみが認定され、インボイスの保存がない分の課税仕入れに係る消費税（仕入税額）の控除は認められないため、多額の消費税が追徴されることになります。

地域まるっと中間管理方式とは

> 　集落等を範囲とする一般社団法人を設立し、一般社団法人で農業経営部門と地域資源管理部門の両方を担う方式です。
>
> 　集落内の農地については担い手や自作希望農家の農地も含めてすべて農地中間管理機構（農地バンク）が借り受けることから「地域まるっと中間管理方式」と呼んでいます。農地バンクは、借り受けた農地を一般社団法人に貸し付け、一般社団法人は、借り受けた農地の一部で直接経営を行うとともに、担い手や自作希望農家には、当面は、営農の効率化を考慮し、自ら耕作させます。
>
> 　なお、担い手や自作希望農家に耕作させる方法として、これまでは「特定作業受託」が活用されてきました。

2　利用権の移転による対応

1）地域まるっと中間管理方式への対応

　地域まるっと中間管理方式への対応では、農地バンクが借り受けた農地をすべて一般社団法人に貸し付けて、一般社団法人が直接農業経営を行うとともに、従来は、自作希望農家に対して特定作業受委託で耕作地の配分を行ってきました。しかしながら、インボイス制度によって特定作業受託のリスクが増大するため、インボイス制度開始後は、一般社団法人と自作希望農家との特定作業受委託契約を継続せず、一般社団法人から自作希望農家への権利（賃借権又は使用貸借権）の移転（「受け手Ｂ→受け手Ａ」の移転）で対応します。

　今後、新たに地域まるっと中間管理方式に取り組む場合は、地域計画の特例に基づく出し手の自作希望農家の申出によって、原則として、出し手が農地バンクに利用権を設定すると同時に農地バンクから利用権設定を受けること（自己戻し）ができます。この場合、自作希望農家が耕作する農地については、出し手と受け手が同一の形で権利設定（「出し手→農地バンク→受け手」の貸借）をすることになります。

　また、一般社団法人が受け手としていったん農地バンクから集落等のすべての農地の権利設定（「出し手→農地バンク→受け手」の貸借）を受けたうえで、一般社団法人から自作希望農家に権利の移転（「受け手B→受け手A」の移転）をすることも、農地バンクが了解すれば可能です。

2）利用権の移転とは

　利用権の移転とは、農業経営基盤強化促進法に定める「利用権」の移転で、農地法に基づく賃借権の移転、使用貸借による権利の移転等と変わりません。

　農業経営基盤強化促進法では、「利用権」とは、「農業上の利用を目的とする賃借権若しくは使用貸借による権利又は農業の経営の委託を受けることにより取得される使用及び収益を目的とする権利」と定義しています。その権利の内容は、農地法の「賃借権」、「使用貸借による権利」及び「農業経営の委託を受けることにより取得する権利」に当たります。

　農業経営基盤強化促進法によって設定された賃借権は、賃借権の移転をした場合も含め、その賃借権の期間満了に際しては農地法第17条（賃借権の法定更新）の適用を受けません。

農用地利用集積等促進計画による権利の移転の記載イメージ

第〇 賃貸借又は使用貸借による権利の移転関係

1 各筆明細

整理番号		権利の移転を受ける者の氏名または名称及び住所（A）	（氏名又は名称） 山田　耕作	
		権利の移転をする者の氏名または名称及び住所（B）	（氏名又は名称） 一般社団法人山野地区	

権利を移転する土地（C）						移転する権利（D）						
所在			地番	現況地目	面積（㎡）	権利の種類	内容	始期（年月日）	終期（年月日）	存続期間	借賃	
市町村	大字	字									10aあたり	年額
〇〇市	〇〇	〇〇	123-1	田	1,350	賃借権	水田として利用	R5.4.1	R15.3.31	10年	8,000	10,800
〇〇市	〇〇	〇〇	123-2	田	1,000	賃借権	水田として利用	R5.4.1	R15.3.31	10年	8,000	8,000

この計画に同意する。

　　　権利の移転を受ける者　　　　　　　　　　　　　　　住所（同上）
　　　権利の移転をする者　　　　　　　　　　　　　　　　住所（同上）
　　　権利の移転をする者以外の者で権利の移転をする土地につき
　　　所有権その他の使用収益権を有する者　　　　　　　　住所（同上）

農用地利用集積等促進計画による自己戻しの場合の貸借の記載イメージ

第〇 賃貸借又は使用貸借による権利の設定関係

1 各筆明細

整理番号		農地中間管理機構から権利の設定を受ける者の氏名または名称及び住所（A）	（氏名又は名称） 山田　耕作	
		農地中間管理機構に権利の設定をする者の氏名または名称及び住所（B）	（氏名又は名称） 山田　耕作	

権利を設定する土地（C）						農地中間管理機構に設定する権利（D）								（A）に		
所在			地番	現況地目	面積（㎡）	権利の種類	内容	始期（年月日）	終期（年月日）	存続期間	借賃		借賃の支払方法	権利の種類	内容	始期（年月日）
市町村	大字	字									10aあたり	年額				
〇〇市	〇〇	〇〇	123-1	田	1,350	使用貸借権	水田として利用	R5.4.1	R15.3.31	10年				使用貸借権	水田として利用	R5.4.1
〇〇市	〇〇	〇〇	123-2	田	1,000	使用貸借権	水田として利用	R5.4.1	R15.3.31	10年				使用貸借権	水田として利用	R5.4.1

この計画に同意する。

　　　　農地中間管理機構から権利の設定を受ける者
　　　　農地中間管理機構に権利の設定をする者
　　　　農地中間管理機構に権利の設定をする者以外の者で権利の設定をする土地につき
　　　　所有権その他の使用収益権を有する者

(住所)					
		〇〇県〇〇市〇〇1111			
(住所)					
		〇〇県〇〇市〇〇4321			

	権利の設定をする土地の (B)以外の権原者等(E)			備　　考
借賃の 支払方法	住　所	氏名又は 名　称	権原の 種類	
口座振込	〇〇県〇〇市〇〇××××	地主　太郎	所有権	
口座振込	〇〇県〇〇市〇〇××××	地主　太郎	所有権	

一般社団法人山野地区　　代表理事　　　　　　　山田　耕作　　　㊞
　　　　　　　　　　　　　　　　　　　　　　　原田　保全　　　㊞

地主　太郎　　　㊞

(住所)								
			〇〇県〇〇市〇〇1111					
(住所)								
			〇〇県〇〇市〇〇1111					

設定する権利(E)					権利の設定をする土地の(B)以外の権原者 等(F)			備　　考
終期 (年月日)	存続 期間	借賃		借賃の 支払 方法	住　所	氏名又は 名　称	権原の 種類	
		10a あ たり	年額					
R8.3.31	3年							
R8.3.31	3年							

住所(同上)　　　　　　　　　　　　　　　　　　山田　耕作　　　㊞
住所(同上)　　　　　　　　　　　　　　　　　　山田　耕作　　　㊞

住所(同上)　　　　　　　　　　　　　　　　　　　　　　　　　　㊞

3）地域まるっと中間管理方式における権利の移転に関するＱ＆Ａ

> **Q1** 地域まるっと中間管理方式では、高水準の地域集積協力金を期待できますが、自作希望農家に特定作業受託でなく権利の移転をした場合も地域集積協力金を受け取ることができますか？

　自作希望農家に権利の移転をした場合も地域内の農地の一定割合以上を機構に貸し付けて農地の集積・集約化に取り組むことには変わりないので、地域集積協力金を受け取ることができます。ただし、交付対象面積に占める新たに担い手に集積される農地面積の割合が10％以上であることが地域集積協力金の交付要件となっていますので、自作希望農家の割合が高い地域においては、地域集積協力金の交付を受けた後に権利の移転を行う必要があります。

> **Q2** 自作希望農家に権利の移転をした場合も耕作者は経営所得安定対策交付金を受け取ることができますか？

　権利の移転をした場合も耕作者が認定農業者・認定新規就農者（認定農業者等）であれば交付対象者となります。一方、耕作者が認定農業者等でない場合には権利の移転をしないで、一般社団法人の単独による権利設定として一般社団法人が「直接経営」を行い、耕作者は直接経営に携わる形になります。

> **Q3** 自作希望農家に権利の移転をした場合も耕作者は水田活用直接支払交付金を受け取ることができますか？

　水田活用の直接支払交付金の交付対象者は認定農業者等に限定されませんので、仮に認定農業者等でない自作希望農家に権利の移転をした場合であっても、その自作希望農家に水田活用の直接支払交付金は交付されます。ただし、麦、大豆によって転作対応をしている場合には、畑作物の直接支払交付金（ゲタ対策）が交付されないことになりますので、注意が必要です。
　認定農業者等でない自作希望農家に権利の移転をするのは、ＷＣＳ用稲や飼料用米、米粉用米、加工用米などで転作対応している場合に限定し、麦、大豆を栽培している場合は、耕作者が直接経営に携わる形とすることをお勧めします。

> **Q4** 認定農業者や認定新規就農者ではない自作希望農家も権利の移転の対象者とすることができますか？

　認定農業者や認定新規就農者となっていない自作希望農家であっても、地域計画の目標地図（＝新たな人・農地プラン）に表示される「農業を担う者」に位置付けられていれば、権利の移転の

対象者とすることができます。

　担い手への農地の集積・集約化を促進することが農地バンクの目的ですので、農地バンクから受け手として農地の配分をうけるには、人・農地プランの中心経営体として位置づけられることが基本的には求められます。令和 4 年 5 月 20 日に成立した改正農業経営基盤強化促進法では、人・農地プランを、市町村が策定する「地域計画」として法定化しましたので、令和 5 年 4 月 1 日以降は、地域計画の目標地図（＝新たな人・農地プラン）に表示される「農業を担う者」に位置付けられることが望まれます。

　ただし、今後、目標地図においては、将来において農地を利用する者として、従来の中心経営体よりも広い者が対象になり、次の者が「農業を担う者」として位置付けられました。

　①認定農業者等の担い手（認定農業者、認定新規就農者、集落営農組織、基本構想水準到達者）
　②①以外の多様な経営体（①以外の中心経営体、継続的に農地利用を行う中小規模の経営体、農業を副業的に営む経営体）
　③農作業の受託サービスを行う者

3　地域計画の特例による「自己戻し」

　令和 4 年改正による農業経営基盤強化促進法では、人・農地プランの法定化がなされ、市町村は、地域の将来の農業の在り方、将来の農地の効率的かつ総合的な利用に関する目標（目標とする農地利用の姿を示した地図を含む）等を定めた「地域計画」を策定・公告することになりました。また、この改正では、「地域計画の特例」として、地域の農地所有者等がその 3 分の 2 以上の同意を得て、市町村に提案して、地域の農地について「貸付け等を行う際には相手方を農地バンクに限定する」旨を地域計画に盛り込むことができるようになりました。この規定は、現行基盤法における農用地利用規程の特例を移し替えたものです。

　提案を受けた市町村が、特例の地域計画として策定する場合は、所有者等の農地の貸付け先は農地バンクに限定する一方で、農地バンクが借り受けた農地を農地所有者に貸し付けること、いわゆる「自己戻し」も可能になります。

農業経営基盤強化促進法　第 22 条の 4
(地域農業経営基盤強化促進計画の特例に係る区域における利用権の設定等の制限)

　前条第一項に規定する事項が定められている地域計画の区域（対象区域内に限る。）内の農用地等の所有者等（農地中間管理機構を除く。）は、当該農用地等について農地中間管理機構以外の者に対して、利用権の設定等（農作業の委託を除く。以下この条において同じ。）を行つてはならない。ただし、非常災害のために必要な応急措置として利用権の設定等を行う場合その他の農林水産省令で定める場合は、この限りでない。

2　農地中間管理機構は、前項に規定する農用地等の所有者等から当該農用地等について利用権の設定等を行いたい旨の申出があつたときは、当該利用権の設定等を受けるものとする。

3　農地中間管理機構は、前項の規定による申出（利用権の設定に係るものに限る。）を行つ

た農用地等の所有者等から当該農用地等について同時に利用権の設定を受けたい旨の申出が
あつた場合であつて、当該利用権の設定により地域計画の区域内の農用地の効率的かつ総合
的な利用の確保に支障を生ずるおそれがないと認められるときは、必要と認められる期間の
範囲において、当該利用権の設定を行うものとする。

4　第二項の規定により利用権の設定等を行う場合における当該利用権の設定等の対価は、政
　令で定めるところにより算出した額とする。

第9章

一般社団法人の集落営農・農村RMOの取組事例

1 月誉平栗の里

1）一般社団法人を設立した背景・目的

　　（一社）月誉平栗の里は、長野県飯島町の田切地区の集落「月誉平」で 2011 年 5 月に設立された栗の栽培を主とする一般社団法人です。平成 21 年農地法改正（2009 年 12 月 15 日施行）により、いわゆるリース方式による農業生産が可能になった 1 年半後で、一般社団法人として農業生産に取り組んだ先駆け的な存在です。生産した栗を活用する菓子製造業者と農商工連携が前提となっていたため、一般社団法人にして基金を拠出する形としました。農事組合法人では、農協法上、商工業者が農事組合法人の組合員となって出資することが認められないからです。

2）一般社団法人による集落営農の取組・担い手法人との連携

　　戦後開拓地の月誉平地区では、天竜川沿いに位置していて小区画の圃場が多く、獣害の影響で耕作放棄地が増加していました。そこで、町の振興作物である「栗」の栽培拡大を図るため、栽培品目の一本化や一体的な獣害対策を推進する人・農地プランを作成し、月誉平地区を田切地区から分離し、「（一社）月誉平栗の里」に、ほぼ全ての農地を集積し、栗栽培団地として再生しました。

　　法人設立直後は法人税法上の収益事業とはならない農業（栗栽培）のみで、非営利型法人の（一社）月誉平栗の里では、法人税の申告が不要となっていました。しかしながら、法人税の申告がないことで収入保険に加入できなかったため、あえて収益事業となる請負業（農作業受託）を開始し、青色申告をするようになりました。収入保険に加入申請した当初は、青色申告の対象となる法人の課税所得に農業の所得が含まれていないことから、加入が認められませんでしたが、その後、取り扱いが変更となり、収入保険に加入できるようになりました。

2 田切の里営農組合

1）一般社団法人を設立した背景・目的

　　（一社）田切の里営農組合は、長野県飯島町の田切地区で 2015 年 2 月に設立された自家飯米の生産を主とした一般社団法人です。（一社）田切の里営農組合は、多面的機能支払の活動組織など地域資源管理法人としての機能に加えて、地区の農家の自家飯米農家の名寄せの役割を果たしています。一般社団法人田切の里営農組合が農地を借りて実質的な農作業は農地所有者が行い、一般社団法人が認定農業者になることで、ナラシ交付金をもらった場合にこれを構成員である農地所有者に分配する仕組みです。

2）一般社団法人による集落営農の取組・担い手法人との連携

　　長野県飯島町の田切地区には㈱田切農産があり、貸付希望の農地は㈱田切農産に集積を進めています。（一社）田切の里営農組合の設立前は、自作希望の農業者の農地についても名目上は㈱田切農産で借り入れて、実質的には自作希望の農業者が耕作して枝番方式で収益を分配する仕組みでした。しかしながら、㈱田切農産にとってその事務負担が重たいため、枝番方式の農業は（一社）田切の里営農組合で行うこととなりました。地域資源管理と自家飯米生産等の 1 階部分を（一

社）田切の里営農組合、担い手としての営農の2階部分を㈱田切農産が担う形で、「法人2階建て方式」の第1号の事例になります。

3）一般社団法人による農村RMOの取組

飯島町では多面的機能支払も町内4地区に今まであった任意組織を一般社団法人に統合し、地域集積協力金も一般社団法人で受領しています。加えて、4地区のすべての一般社団法人について町が議決権の半数以上を保有して法人税法上の「特定法人」になっています。特定法人となることで、農機具の貸付けによる物品貸付業や農作業受託による請負業が収益事業から除外され、これらの取組みが行いやすくなりました。

3　笠木営農組合

1）一般社団法人を設立した背景・目的

（一社）笠木営農組合は、鳥取県日南町の笠木地区で2015年6月に設立された稲作と機械の共同利用を主とする一般社団法人です。（一社）笠木営農組合では、事務所建物、農業倉庫、共同利用機械を所有管理し、直営圃場と共に会員農家の作業受託や米の格付け検査及び共販、資材の共同購入等の活動も行っています。笠木営農組合は、当初、任意組合として設立しましたが、「加工用米の地域として複数年契約」の締結に法人格が求められたことや地域で管理する建物の所有名義のために元からある任意組合の笠木営農組合を一般社団法人化しました。

2）一般社団法人による集落営農の取組・担い手法人との連携

笠木地区には、笠木営農組合の実働部隊の役割を持つ「㈲だんだん」が設立されており、営農組合所有機械のオペレーターの安定供給と転作の大豆栽培を担当しています。㈲だんだんは自らも離農農家の農地（30ha）を耕作管理すると共に営農組合直営圃場の作業もしています。笠木地区の農業は、（一社）笠木営農組合を1階、㈲だんだんをはじめとする1法人7基幹農家を2階とする「法人2階建て方式」です。

3）一般社団法人による農村RMOの取組

（一社）笠木営農組合は、「地域の農業資源・農業と自然を守りつつ、皆が協力しながら活力のある農村コミュニティを1日でも長く維持継続すること」（同法人ホームページ）を目的としています。集落営農としての機能のみならず、中山間地域等直接支払、多面的機能直接支払、農地バンク制度を活用しながら、高齢過疎の下で、「農村コミュニティを守る基盤は農業を守ることである」を信念に、農村コミュニティの維持を図る包括組織を構築しています。

当初、一般社団法人で農機の共同利用事業（法人税法上の物品貸付業に該当）を行っていたために、収益事業として法人税の申告を行うよう税務署から指導を受けることになり、やむをえず申告をすることになりました。しかしながら、日南町行政の加入によって日南町の議決権を半数以上とする定款変更を行ったことで特定法人になり、収益事業廃止届出書を提出することで法人税の申告をする必要がなくなりました。一方で、法人税の申告が不要となったことで、青色申告でなくなったため、収入保険の加入が認められなくなったことが課題です。また、補助事業を活

用するうえで、特定法人の位置づけや一般社団法人の農村ＲＭＯについて農林水産省と総務省のどちらの管轄かが問題となっており、一般社団法人が農村ＲＭＯの活動に取り組むうえでのネックとなっています。

4　四万十農産

1）一般社団法人を設立した背景・目的

　（一社）四万十農産は、高知県南西部の四万十町（2006年に窪川町・大正町・十和村が合併）の旧窪川町の影野小学校区を基盤に、2017年4月に設立されました。影野小学校区には、8つの集落に110ｈａの農地があり、任意組合7つと農事組合法人1つ、法人1つの計9つの集落営農組織のうち4つ（うち法人2つ）が参加する形で活動しています。また、影野小学校区には、集落営農組織とは別に、園芸作物を主体とする㈱サンビレッジ四万十があり、（一社）四万十農産はこれと連携する形で運営されています。

2）一般社団法人による集落営農の取組・担い手法人との連携

　（一社）四万十農産は、職員3名、研修生1名の体制で、ライスセンターを運営して30ｈａ分の米の乾燥調製をしているほか、140ｈａ分のドローン防除、育苗を中心に運営しています。これらの農作業受託に加えて、農業経営として各集落の農地を賃借して水稲15ｈａと大豆3ｈａのほか、条件不利地域（3.6ｈａ）では栗とゆずを栽培しています。

　一方、農業を「支える」（一社）四万十農産とは別に、農業で「稼ぐ」㈱サンビレッジ四万十があり、両者は農作業受委託などで連携する形で運営されています。㈱サンビレッジ四万十では、水田の畑地化やブロックローテーションにより、生姜1.6ｈａ、ニンニク1ｈａ、枝豆1ｈａ、雨よけピーマン30ａ、里芋20ａを栽培するほか、営農型太陽光発電（ソーラーシェアリング）1ｈａを導入しています。

　また、（一社）四万十農産は、旧窪川町全域をカバーする営農支援センター四万十㈱とも連携しています。営農支援センター四万十㈱は、転作連携を目的に町及びＪＡが出資して設立された第三セクターの法人で、大豆や飼料用稲の栽培のほか、水稲の育苗・防除を行っています。営農支援センター四万十㈱は、集落営農のない地域における離農農家からの農地の受け皿としての機能を持っていますが、農作業の一部は（一社）四万十農産や㈱サンビレッジ四万十などに委託することで実施しており、営農支援センター四万十㈱は農地や農作業の調整機能を担っています。

3）一般社団法人による農村ＲＭＯの取組

　（一社）四万十農産では、サポーター制度による「雇用バンク」、就農研修の受入れによる就農希望者の定着支援などにも取り組んでおり、農村ＲＭＯとしての活動も行っています。

5　グリーン8吉原西

1）一般社団法人を設立した背景・目的

　（一社）グリーン8吉原西は、東広島市豊栄町で2019年3月に農事組合法人からの組織変更に

よって設立された一般社団法人です。豊栄町は東広島市の東北、三次市との境に位置する中山間地域で、ほとんどの集落営農が法人化して10年以上が経過していますが、集落での後継者確保が難しくなってきたことから、豊栄町の清武、安宿、吉原西の3地区の集落営農法人を組織統合しました。清武地区の集落営農法人であった㈱賀茂プロジェクトに安宿、吉原西地区から株主や役員を受け入れて統合組織とし、吉原西地区の（農）グリーン8吉原西を一般社団法人に組織変更しました。平成27年農協法改正（2016年4月1日施行）により、農事組合法人から一般社団法人への組織変更が可能となったため、一般社団法人として法人を残すこともできました。

2）一般社団法人による集落営農の取組・担い手法人との連携

水田農業の事業統合後も各地区の農地は各地区の組織で管理する方針のため、集落営農法人が保有する財産を地区に残して農地などの地域資源管理の原資に充てます。一般社団法人に組織変更する過程で組合員に出資を払い戻しますが、出資は当初払込金額のみを払い戻し、純資産のうち農事組合法人で内部留保した金額はそのまま一般社団法人に移行しました。この内部留保は、主に今後の地域資源管理活動の財源として使うことを想定していますが、吉原西地区では、（農）グリーン8吉原西が内部留保した資金を活用して㈱賀茂プロジェクトの増資を引き受けました。農事組合法人から一般社団法人への組織変更後も（一社）グリーン8吉原西が㈱賀茂プロジェクトの株式を保有し続けています。なお、事業統合・組織再編をする場合、合併比率によって持分調整して法人どうしを合併する方法もありますが、それぞれの組織の利害が絡んで調整が難しいのが実情です。

3）一般社団法人による農村RMOの取組

農事組合法人からの組織変更した（一社）グリーン8吉原西は、法人の事業目的を農業生産から地域資源管理に変えて一般社団法人として存続することになりました。（一社）グリーン8吉原西の取組みは今後の集落営農法人の事業統合・組織再編のモデルとなるでしょう。

**一般社団法人による
集落営農・農村RMO設立・運営の手引**

令和5年2月　　　　　定価:1,100円(本体1,000円＋税)
　　　　　　　　　　　　　　　　送料別

発行：全国農業委員会ネットワーク機構
　　　一般社団法人 **全国農業会議所**

〒102-0084 東京都千代田区二番町9-8
（中央労働基準協会ビル2階）
電話 03-6910-1131

R04-29